Autor de *Hilomorfismo: De la Teleología al Diseño Inteligente en Biología*

LA
CIENCIA

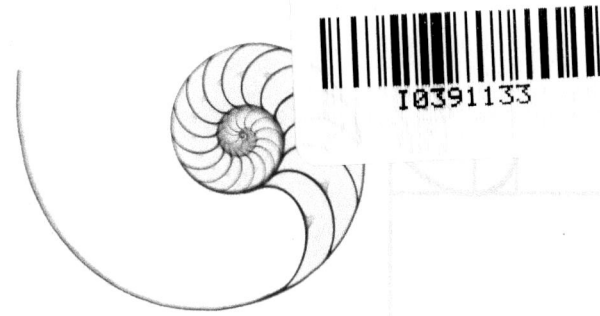

Y LA TEORÍA DEL
DISEÑO INTELIGENTE

Fernando Ruiz Rey

LA CIENCIA Y LA TEORÍA DEL DISEÑO INTELIGENTE

Por Fernando Ruiz Rey.
Médico psiquiatra.Raleigh, NC. USA

© Copyright (Derechos de Reproducción)
Enero 8, 2017 – Fernando Ruiz Rey

Todos los derechos reservados. Ninguna parte de este libro puede ser reproducida ni utilizada en manera alguna ni por ningún medio, sea electrónico o mecánico, de fotocopia o de grabación, ni mediante ningún sistema de almacenamiento y recuperación de información, sin permiso por escrito del editor/escritor.

EAN 13 - 978-1542450867
ISBN 10 - 1542450861

Fecha de publicación: Enero 8, 2017
Filosofía de la Ciencia

Diseño de portada e interior: Mario A. Lopez

Impreso y encuadernado en Estados Unidos de América.

OIACDI

Organización Internacional para el avance científico del Diseño Inteligente

INDICE

Introducción   1

Capítulo I   15
Tesis del Diseño inteligente.

Capítulo II   37
Conceptos de información; Información biológica.

Capítulo III   65
Criterios de demarcación de la ciencia.

Capítulo IV   95
Críticas al criterio de falsabilidad de Popper.
Demarcación en crisis.

Capítulo V   121
Análisis de las críticas de la TDI como parte de la ciencia.

Capítulo VI   147
El naturalismo en ciencia: Situación de la TDI.

Capítulo VII   171
Aportes de la teoría del diseño inteligente a la ciencia.

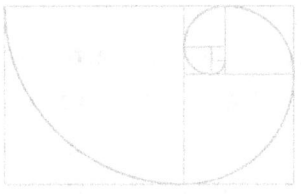

Introducción.

La situación de la tesis del Diseño inteligente (TDI) como parte de la ciencia ha sido fuertemente criticada desde distintos ángulos y perspectivas, recalcando que esta tesis depende de factores trascendentes, no posibles de observación ni medición, que no ofrece mecanismos ni modos de realizar predicciones, y muchas otras críticas que descalificarían el estatus científico de la TDI. Por otro lado, los autores que defienden esta tesis, presentan numerosos argumentos que indican la complejidad de ciertas estructuras, particularmente las biológicas, que muestran gran especificidad en sus configuraciones, una especificidad que en el campo de la biología es claramente funcional, y cuya explicación causal más adecuada sería una acción inteligente, esto significaría que son diseñadas. Estos autores también argumentan que las bases de esta inferencia de acción inteligente son perfectamente objetivas y científicas. El panorama de estos debates es complejo y lleno de detalles, y muchas veces bastante técnico.

No resulta fácil entonces, para las personas interesadas por conocer seriamente la situación de la TDI en ciencia, encontrar información dirigida particularmente a clarificar esta situación. Este trabajo es el resultado precisamente de mi esfuerzo por lograr una visón lo más coherente posible del estatus científico de esta tesis, lo que ha sido naturalmente de gran utilidad para mi, y ahora lo ofrezco para todos aquellos lectores que compartan este interés.

No necesito decir que este trabajo no ha sido escrito para especialistas ni académicos expertos en los detalles de la TDI y de la controversia que rodea su relación con la ciencia, sino para las personas que presentan un genuino deseo por conocer mejor este interesante capítulo del desarrollo científico. Esto no significa que los temas que se tratan en estos artículos sean simples y de fácil y casual lectura, son por lo contrario, complejos y requieren de cierto esfuerzo para logra su comprensión, pero les aseguro que me he afanado por presentarlos de la manera lo más sencilla posible, evitando detalles técnicos y recovecos innecesarios.

Advierto de partida que en esta tarea, que ciertamente no ha sido fácil, me he expandido un tanto en aspectos marginales para comprender mejor la situación epistemológica de la ciencia y la TDI, y esto ha tomado más espacio del que me hubiera gustado para esta presentación; pero para mí ha sido formativo e interesante, y me han ayudado a ganar una comprensión más fina del tema que me preocupa: la ciencia y la TDI. Espero que los lectores también participen del agrado por conocer materias relacionadas con el conocimiento científico y con los fascinantes desafíos que presenta la biología.

Este trabajo lo presento en siete apartados para facilitar su exposición, y para destacar los distintos aspectos que se necesitan considerar y conocer para evaluar el valor científico de la TDI. He estimado que puede ser de utilidad para el lector tener una vista panorámica del contenido de estos apartados, por lo que presento aquí en la Introducción, una lista de ellos con una muy breve descripción del material tratado en cada uno. Espero que sea de utilidad para una orientación general del tema, y no signifique un agobio agregado.

Capítulo 1. *Tesis del Diseño inteligente (TDI).* Comienzo este trabajo explicando lo que significa Diseño inteligente y la manera como se detecta en los objetos, tanto naturales como los generados por los seres humanos. Tenemos básicamente dos procedimientos fundamentales para inferir diseño; uno está basado en la aplicación de la teoría de las probabilidades para calcular las posibilidades de generación o aparición de un objeto según la complejidad de su estructura; para este efecto se utiliza un instrumento metodológico denominado Filtro explicativo con el que se puede determinar diseño, diferenciándolo de otros ordenamientos naturales. El otro procedimiento para inferir diseño se basa en el estudio y análisis de las estructuras teleológicas biológicas funcionales, para concluir que el único poder causal conocido en la actualidad, capaz de generar este tipo de estructuras específicas, es una acción inteligente. Este método de inferencia de Diseño es el primariamente considerado en este trabajo.

Capítulo 2. *Conceptos de información; Información biológica.* En este apartado reviso el concepto de información que ha cobrado distintos matices y significados con la gran popularidad y uso del vocablo información en muy variados contextos. Para entender lo que significa información y anotar sus características fundamentales en el nivel más primario de su uso, discuto brevemente la comunicación interpersonal en la que el término información encuentra un significado claro y paradigmático. Continúo con la información transmitida electrónicamente que conserva los tres elementos característicos de la información básica: un agente transmisor, un medio de transporte de información codificada, y un agente receptor. En conexión con la información electrónica, hago una breve introducción a la información de Shannon, que es el resultado de la matematización probabilística del medio electrónico de transporte (bits), con lo que información toma un significado diferente a los anteriores, básicamente se transforma en una dimensión matemática de la capacidad de un medio de transportar o contener información; esto significa concretamente para Shannon, capacidad de despejar incertidumbre o ignorancia. Con esta introducción menciono luego a grandes rasgos, la información biológica: la información codificada (ADN) y la información biológica no codificada. Cito dos interpretaciones de esta información biológica, y una tercera, que me parece menos especulativa y más descriptiva, esto es, la información biológica está contenida –materializada--, en las estructuras bioquímicas teleológicas funcionales, responsables de las acciones biológicas, dependientes de una acción inteligente; esto significa, la información biológica como parte de la TDI.

Capítulo 3. *Criterios de demarcación de la ciencia.* Para determinar el estatus científico de la TDI se debe tener claro qué se entiende por ciencia, y cómo se deslinda de otros saberes humanos sistematizados y de las llamadas pseudociencias. La definición nítida y genérica de ciencia no es fácil, sino más bien prácticamente imposible, puesto que la variedad de tipos de ciencia es significativa, y cada disciplina posee sus propios métodos y supuestos para abordar el campo de estudio que le corresponde. Tampoco es fácil deslindar la ciencia de otros saberes humanos y de la pseudociencia, esta tarea se conoce como 'el problema de la demarcación' de la ciencia. La demarcación, no constituye exactamente una definición de ciencia, son dos conceptos diferentes, pero relacionados. En este capítulo expongo brevemente estas consideraciones, y el criterio de demarcación propuesto por los positivistas lógicos: verificación, que resultó fallido en su aplicación; luego continúo desarrollando el criterio de la falsabilidad de Karl Popper. En este criterio de Popper, me detengo para entrar en algunos detalles, que he considerado importantes de conocer para ilustrar las dificultades lógicas que implica la constatación empírica de las teorías, y la necesidad de consultar e incorporar teorías accesorias para poder llevar a cabo este proceso. La concepción de las teorías que sustenta Popper es que son meras 'conjeturas' para solucionar problemas, y que deben ser sometidas a pruebas para falsarlas, de este modo se van ajustando para solucionar problemas; esta concepción del proceso científico como ajeno a la búsqueda de la verdad, sufre un cambio en Popper. Con este viraje, el autor introduce el concepto de "verisimilitud" de las teorías, y ofrece un criterio para calcular el progreso de la ciencia acercándose a la verdad. Este capítulo se cierra con las críticas que muestran que la fórmula propuesta por este autor para calcular el grado de verdad de una teoría, es errónea.

Capítulo 4. *Críticas al criterio de falsabilidad de Popper. Demarcación en crisis.* En este apartado presento algunas críticas al criterio de falsación de Popper y reseño brevemente los comentarios y propuestas al criterio de demarcación realizadas por los conocidos filósofos de la ciencia: Kuhn, Lakatos, Laudan y Feyerabend. Entre los problemas que presenta el criterio de Popper se cuentan, la necesidad de numerosas teorías accesorias, que dificultan la interpretación de los resultados (problema de Duhem–Quine); la constatación que muchas pruebas de falsación no resultan en el abandono de las teorías que están siendo probadas; la codificación en términos lógicos envueltos en el proceso de falsación, no es claro ni estandarizado. Comento estas dificultades que enfrenta el criterio de falsabilidad, y señalo que los críticos las consideran suficientemente serias para limitar su aplicabilidad como regla de demarcación. Presento la propuesta de Kuhn y su rechazo del criterio de falsabilidad como característico de la actividad científica y de la ciencia misma; este autor propone como nuclear de la actividad científica la presencia de "paradigmas": conjunto de ideas y supuestos que alimentan un modo particular y distintivo de realizar esta actividad; su efectividad como criterio de demarcación es pobre. Lakatos por su parte también rechaza el criterio de falsabilidad de Popper, y su concepción de la ciencia se basa en la presencia de un conjunto vibrante de teorías hilvanadas en el tiempo; teorías que generan predicciones, y que se van ajustando a los resultados de las pruebas. El núcleo de un programa de investigación está constituido por teorías abstractas, y rodeado y defendido por teorías maleables con contenido empírico, y la presencia de teorías accesorias *ad hoc* que protegen un programa considerado fructífero. Como criterio de demarcación es básicamente ineficaz. Laudan y Feyerabend, simplemente afirman que no es posible establecer un criterio de demarcación para la ciencia; el primero piensa que lo importante en ciencia es que las ideas científicas estén bien fundamentadas empíricamente o, que sean heurísticamente fértiles. Feyerabend después de incursionar en los distintos estilos de demarcación concluye, no solo la imposibilidad de la demarcación, sino que además, arremete contra lo que él estima la tiranía de las ideas abstractas que coartan el desarrollo de la ciencia. Termino esta sección señalando que la carencia de un criterio de demarcación nítido, único y universal para la ciencia, no significa que la actividad científica sea epistemológicamente equivalente a cualquier otra actividad humana, incluyendo las pseudociencias. En este sentido menciono que los esfuerzos más recientes por lograr demarcación de la ciencia ya no aspiran universalidad, sino que son más acotados y con mayor número de indicadores diferenciales, y centrados fundamentalmente en el deslinde con las pseudociencias.

Capítulo 5. *Análisis de las críticas a la TDI como parte de la ciencia.* Comienzo haciendo una breve recapitulación del resultado de los esfuerzos por demarcar la ciencia para luego aventurar un bosquejo de lo que se significa por una actividad científica que se distinga como tal, aunque sin pretensiones de exclusividad. En este sentido destaco la transparencia, la búsqueda de consenso y replicabilidad, la apertura a la crítica y a la competencia de teorías alternativas; subrayo la maleabilidad y las limitaciones de las teorías científicas y enfatizo la constatación empírica directa o indirecta de las teorías postuladas, para evitar caer en especulaciones desenfrenadas. Presento un esquema de la metodología de las Ciencias Históricas, o del Origen, para ilustrar la variedad de estilos y métodos usados en ciencia. Luego puntualizo que la TDI es una teoría que cumple con los requerimientos básicos mencionados para una actividad científica adecuada, puesto que se trata de una propuesta de –acción inteligente--, inferida de la observación de hechos 'empíricos' revelados por la ciencia --estructuras teleológicas funcionales--, y subsecuentemente del análisis causal de estos tipos de organizaciones funcionales, siguiendo pasos perfectamente lógicos, y empíricos. Además, esta conclusión es ofrecida como la hipótesis con mejor poder explicativo para entender en forma consistente y coherente estas estructuras biológicas, y perfectamente apoyada por evidencias empíricas. En la última parte de este apartado analizo algunas críticas frecuentes formuladas en contra del estatus científico de la TDI, fundamentalmente argumentando que esta Tesis es una forma de religión o creacionismo, y que simplemente no se puede sostener sin postular un agente divino que la apoye. Los críticos que formulan este tipo de objeciones a la TDI, no han estudiado adecuadamente los fundamentos de la Tesis o la han malentendido. En una vena similar, se critica a la TDI como ser más bien una metafísica, pero como resulta evidente a cualquiera que lea acerca del procedimiento observacional y analítico que lleva a su formulación, este proceso no traspasa el terreno de lo inmanente, ni cae en propuestas metafísicas ni teológicas. Es efectivo, sin embargo, que la propuesta de la TDI de 'acción inteligente' implica una agencia inteligente responsable de esta acción, pero no elabora más allá, porque no es posible hacerlo desde la ciencia misma. De modo que cuando en la jerga de la TDI se habla del 'diseñador', no se está concretizando nada en particular, sino más bien se está estableciendo un genuino 'desafío', abierto no solo a la ciencia, sino también a otras disciplina como la metafísica/teología.

Capítulo 6. *El naturalismo en ciencia: Situación de la TDI.* Analizo brevemente lo que se entiende por Naturalismo metodológico (NM) como regla ideológica impuesta en ciencia, restringiendo las explicaciones científicas a procesos naturales, fundamentalmente a las leyes físicas de la naturaleza. Comento las dificultades lógicas que esta restricción entraña, como para pretender convertirla en un criterio de demarcación para la ciencia. El NM en nuestro tiempo está apoyado fuertemente en el Naturalismo ontológico (NO), una ideología que acepta como real, solo lo inmanente natural, rechazando todo rastro de lo sobrenatural, y dictamina que la ciencia es el único modo válido para estudiarlo. El NM que adhiere completamente a esta ideología materialista, es el NM 'duro'; sin embargo, el NM tiende a desconectarse del NO, para limitarse solo al campo de las ciencias, operando como un NM 'suave', pero de este modo, incurre en una flagrante inconsistencia, además de la arbitrariedad y dogmatismo en su implementación. El argumento que el NM usa en su defensa, son los innegables éxitos de la ciencia moderna durante su historia; sin embargo, esta cadena de éxitos tropieza con el problema que la ciencia contemporánea enfrenta serias dificultades para entender y explicar algunos fenómenos naturales, que no resultan soluble al mecanicismo tradicional naturalista, como son los fenómenos biológicos; un interesante ejemplo de la falibilidad de los argumentos inductivos. He considerado que para ganar una mejor comprensión del NM es necesario revisar el origen de la física moderna con la Revolución del Siglo XVII; con este giro cambia la concepción tradicional de la dinámica de los objetos naturales basada en las cuatro causas de la metafísica aristotélica-tomista; Descartes elimina la causa formal y la causa final, por retóricas e imposible de medir, dejando solo la causa eficiente y la causa material, esta última es eliminada posteriormente por considerarse esencialmente metafísica. De este modo, la dinámica de los cuerpos queda reducida solo a la causa eficiente que es medible y manejable, pero queda sin dirección alguna fuera de sus efectos inmediatos, y sin el substrato que sostiene toda la organización y 'movimiento' de los objetos naturales, y que además, explica la vida, esto es la causa formal, generada y mantenida por Dios. La ciencia sigue un curso de naturalismo pragmático, enriqueciéndose gradualmente con propiedades inherentes de lo 'material', como son las fuerzas elementales de la naturaleza. Este naturalismo pragmático se vuelve dogmático e ideológico en el Siglo XIX, con la contaminación creciente del materialismo. La TDI se desarrolla frente a la insuficiencia del mecanicismo imperante en ciencia, para enfrentar, estudiar y ofrecer una comprensión adecuada de los fenómenos biológicos; esta Tesis no surge en antagonismo para eliminar este mecanicismo científico, sino que para complementarlo y poder explicar racionalmente la configuración de las estructuras biológicas portadoras de información, implementada en las acciones bioquímicas de los componentes de estas estructuras. Termino este apartado presentando el poder creador de la mente humana, y lo absurdo e irracional que resulta la tesis materialista que reduce todo a lo material, que se difumina en energía y fuerzas ciegas sin dirección. La Inteligencia humana es parte de la naturaleza, y no puede ser excluida por ninguna ideología.

Capítulo 7. *Aportes de la teoría del diseño inteligente a la ciencia*. En este apartado presento los aportes de la TDI en ciencia, y para este propósito analizo las estructuras teleológicas funcionales biológicas mostrando dos componentes perfectamente objetivos, pero unidos indisolublemente. Se trata de la 'forma' y de la 'materia', estos vocablos en este contexto de la ciencia, no tienen absolutamente ninguna connotación metafísica. 'Forma' se refiere a la configuración específica de las estructuras funcionales; y, 'materia' indica lo que se configura, esto es, las substancias químicas que constituyen la estructura diseñada; se puede decir que la bioquímica que las constituye está 'formalizada'. De manera que estas estructuras diseñadas presentan objetivamente dos componentes, que tienen relevancia científica, son susceptibles de ser estudiadas objetivamente. La forma en sí –pensada independientemente de la 'materia' que formaliza--, es una abstracción que no presenta mecanismos ni predicciones. Sin embargo, la forma integrada con la 'materia' bioquímica, claramente contribuye a predicciones científicas, en cuanto las configuraciones bioquímicas dependen de esta forma; se ofrecen algunos ejemplos. En lo que se refiere a la 'materia formalizada', provee el sustrato material básico que sigue en sus niveles moleculares y atómicos las acciones químicas mecanicistas, implementando la información biológica inscrita en su configuración estructural gracias a la forma. Además, la TDI provee la consistencia y coherencia conceptual de los estudios biológicos, estableciendo la correspondencia adecuada entre la manera como se estudian los fenómenos biológicos: en complejas relaciones, holísticamente integrados, con metas funcionales; y las configuraciones funcionales de las estructuras teleológicas que es su objeto de estudio. Esta correspondencia no se tiene con una concepción mecanicista de las estructuras biológicas, con causalidad lineal ascendente.

Espero que esta vista panorámica de los contenidos de este trabajo les oriente y facilite su lectura. Como ya lo he mencionado, el propósito central de estos artículos es presentar la TDI como parte de la ciencia, en una forma lo más coherente posible y asequible para las personas interesadas en este apasionante capítulo de la ciencia contemporánea. Son mis sinceros deseos el haber logrado este propósito.

Para terminar, quiero agradecer a la mesa directiva de OIACDI su asistencia en la realización de este trabajo, y su gentileza con su publicación.

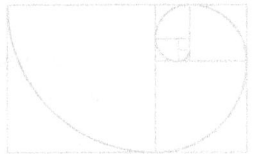

Capítulo I
Tesis del Diseño inteligente.

Inferencia de DI desde el cálculo de probabilidades.

La Tesis del Diseño inteligente (TDI) sostiene que en la naturaleza encontramos numerosos fenómenos y estructuras cuya presentación y origen en la historia del universo, no son posible de entender como consecuencia solo de las acciones de las leyes naturales conocidas, aún en combinación con el azar, puesto que la *complejidad* de estos fenómenos es muy marcada y su organización es *'especificada'*. Desde esta perspectiva, se encuadra la naturaleza como un sistema cerrado de causas materiales, ciegas y continuas, que comienza en un estado simple y desorganizado de elementos primarios y energía, para desarrollarse hasta llegar a nuestro complejo mundo actual. Para la *detección diseño* en los objetos naturales con esta visión del desarrollo del universo, se recurre a un análisis de tipo probabilístico de los elementos básicos que constituyen a los objetos, considerando las leyes que rigen su comportamiento, y la edad real del universo. De este modo, la definición de Diseño inteligente es caracterizada como: "...una investigación científica de cómo los patrones exhibidos por los arreglos finitos de la materia pueden significar inteligencia." O también: "...la ciencia que estudia los signos de inteligencia." (Dembski W, Febrero, 1997) Con este análisis probabilístico de los componentes de las estructuras de los cuerpos naturales, se considera que la detección de diseño se realiza con métodos bien definidos, y empíricamente basados en las características observables del mundo.

Al examinar un suceso o fenómeno tenemos tres modos de explicarlo: como una regularidad, como producto del azar y como un diseño. Si lo explicamos como una regularidad, significa que muy probablemente se repetirá; si lo explicamos como producto del azar, indicamos que las probabilidades caracterizan su ocurrencia; y si lo atribuimos a diseño, indicamos que no es producto ni de regularidades ni de azar. Estos modos se consideran excluyentes y se pueden diferenciar usando lo que Dembski (1998; 2.1) ha llamado *Filtro Explicativo*, un método que trabaja al hilo de las probabilidades. Si un suceso o fenómeno es altamente probable de acaecer dadas las condiciones iniciales, se coloca en el marco probabilístico de las regularidades naturales o leyes naturales; sin contingencia en su acaecer. Si no posee alta frecuencia consideramos el azar; con contingencia en el marco de sus probabilidades. Ahora si a un suceso o fenómeno le atribuimos una frecuencia baja y, además presenta *especificación*, tenemos una contingencia guiada, con lo que pasamos al tercer nivel de este Filtro:

el diseño; la especificación elimina el azar. De acuerdo a Dembski, la inferencia de diseño elimina la posibilidad de otras distribuciones de probabilidades al darle especificación a la complejidad, es esa complejidad y no otra posible; se trata de una posibilidad diseñada como tal, con un propósito. Cuando consideramos la inferencia de diseño en la naturaleza, si imaginamos (lo imposible) que se trata de solo una única estructura compleja especificada existente, no sería posible descartar el azar ni inferir diseño, salvo por las restringentes condiciones reales del universo: --'*límite de probabilidad universal*', que veremos más adelante--, pero si se trata de muchas estructuras complejas especificadas y, además interconectadas y finamente calibradas y reguladas, como lo tenemos obviamente en biología, y en la vida en el planeta, el propósito de estas estructuras especificadas y la inferencia de diseño resulta incontestable. (Aguirre, C. Agosto 2013). En otras palabras, una única estructura compleja especificada podría —especulativamente hablando--, ser originada por un universo mecanicista, aunque con una posibilidad desdeñable, pero en un mundo complejo como el nuestro, es simplemente inverosímil que este tipo de estructuras complejas no sean diseñadas.

Como señalamos más arriba, la TDI sostiene que en la naturaleza hay fenómenos que no son susceptibles de ser explicados como producto de la acción de las leyes naturales conocidas, ni con la ayuda del azar, por ser altamente '*complejos*' y '*especificados*'. Estos sucesos o fenómenos se logran catalogar siguiendo el Filtro Explicativo que hemos mencionado muy esquemáticamente. Para realizar un análisis probabilístico de un objeto o fenómeno natural es importante entender el concepto de *complejidad*. De acuerdo a Dembski (Feb. 20-23, 1997), complejidad es un concepto probabilístico, se trata de una noción teórica que emerge cuando asignamos números a un grado de complicación de un conjunto de elementos de un fenómeno u objeto. En computación por ejemplo, se mide en tiempo el grado de complicación de una serie de caracteres, reflejado, por ejemplo, en el *número* de pasos computacionales requeridos para su análisis; pero particularmente se mide en *espacio*, medido en bits necesarios para contenerla; o se mide por una combinación de ambos parámetros. El concepto de complejidad indica que la probabilidad de la formación de una estructura, está relacionada inversamente a su probabilidad de ocurrir: entre menor sea esa probabilidad, mayor es su complejidad.

En lo que respecta al concepto de "*especificación*" de la complejidad, esta se refiere a la detección de una configuración en esta complejidad, que corresponde a un patrón independiente, esto es, ya preexistente al suceso que se estudia, o reconocible o, sabido (como una organización peculiar conocida) (Dembski W (1998 y 2002 (a) y (b)). De modo que un suceso o fenómeno exhibe *complejidad especificada*, si es complejo y ocurre en forma contingente –no en forma necesaria y repetida como causada por una ley que comanda su estructuración--, y presenta un patrón –configuración--, que corresponde a un patrón independiente ya existente o, conocido. Dembski (2002 (b), pp 7 y ss) enfatiza que los patrones en la complejidad especificada deben ser genuinos, objetivos, no impuestos por los observadores, esto es, no deben ser meras fabricaciones, y escribe: "Es crucial aquí, que los patrones no sean impuestos artificialmente en los sucesos después que sucedan." El ejemplo que utiliza este autor para ilustrar esta situación, es la del arquero que da en el blanco: el blanco no puede ser dibujado después que se haya lanzado la flecha, esto adulteraría el diagnostico diferencial, de lo generado por azar (la flecha no sigue ningún patrón), de lo generado siguiendo un diseño: una flecha dirigida que da en el centro del blanco; y naturalmente, no nos 'informaría' de la destreza del arquero. Tampoco debe tratarse de un patrón efímero, superficial y antojadizo, por esto el patrón tiene que tener sentido para los seres humanos o ser funcional, como las estructuras teleológicas biológicas.

El patrón con el que se corresponde la 'especificación' debe ser independiente de la ocurrencia de la complejidad especificada. Esto es fácil determinarlo cuando tenemos ese patrón ya existente, previo a la realización de la complejidad; como ejemplo tenemos al arquero que dispara su flecha a un blanco ya establecido. La determinación de independencia del patrón se complica cuando este patrón surge –se hace evidente--, después de la realización de la complejidad especificada; pero en algunos casos es posible intuirlo fácilmente desde el patrón especificado; como ejemplo se puede decir que el patrón especificado muestra claramente una organización bien conocida previamente, piezas que están bien coordinadas o ensambladas o, que generan o desencadenan una función biológica. Pero esto no siempre sucede, y para esta situación nos dice Dembski (2002 (a), pp 7 y ss) que: "El modo de caracterizar esta independencia de los patrones, es mediante la noción probabilística de 'independencia condicional'. Un patrón es condicionalmente independiente de un suceso, si al agregar nuestro conocimiento del patrón [preexistente] a la hipótesis de azar, no se altera la probabilidad del suceso." En la teoría de las probabilidades tenemos lo que se llama "Probabilidad condicionada", que se refiere a la información adicional que se posea, y que se aprovecha para conocer la probabilidad real de que ocurra un suceso en situaciones concretas; esta información altera el cálculo de probabilidades de ocurrir que tiene normalmente ese suceso. Para Dembski entonces, si la información que se posea de un patrón preexistente, se añade al cálculo de probabilidades de un fenómeno que se considera diseñado, no cambia las probabilidades de su ocurrencia; esto indica independencia.

De modo que el diagnóstico de *acción inteligente*, esto es, de *diseño* en un suceso o fenómeno, se establece por su correspondencia con un *patrón preexistente, que posee sentido* y/o se sabe que ha sido generado por una inteligencia humana; o que tiene un sentido funcional o que muestra una meta inteligible cuando se consideran fenómenos o sucesos naturales. Este diseño con sentido corresponde a lo que se conoce como una configuración teleológica: diferentes partes o segmentos al servicio de una meta común; como un trozo de escritura –letras-- con sentido; un mensaje funcional con organización específica de señales o impulsos para operar un sistema, sea robótico o biológico; una serie de condiciones conducentes a una meta inteligible, etc. Este tipo de estructuras teleológicas observadas en el mundo natural y en el ámbito de lo humano, solo es generado en nuestro mundo conocido, por una acción inteligente, la humana. Naturalmente hay sucesos o fenómenos que se pueden considerar diseñados y que son difíciles de distinguir de ocurrencias fortuitas naturales. Un ejemplo que se cita a menudo, es tinta derramada sobre una cartulina con fines de iniciar una pintura –diseño--, esta tinta derramada no es fácil distinguirla de tinta de un tintero volcado fortuitamente; este ejemplo muestra que muchas veces el diagnostico de diseño –particularmente en el ámbito de las acciones humanas, requiere conocimiento histórico de las circunstancias de su aparición.

Como el resultado de la aplicación de los análisis probabilísticos a los sucesos naturales, depende de las *condiciones reales* del mundo que nos presenta la ciencia contemporánea, Dembski (2002 (b)) considera los siguientes parámetros para contextualizar el cálculo de probabilidades en este mundo real: --estimación del número de partículas elementales existentes, --edad del universo y, --unidad de tiempo mínima para transformaciones materiales. Según los cálculos realizados por este autor, las probabilidades de ocurrencia de una complejidad especificada, considerando las variables mencionadas, es de 1 en 10^{150} --*'límite de probabilidad universal'*. De este modo, Dembski simplemente descarta la ocurrencia de complejidad especificada por azar, puesto que este tipo de complejidad tiene una probabilidad muy baja de ocurrir, para ser más significativa requeriría muchos intentos para hacerse efectiva, y esto no es posible dadas las condiciones reales del universo.

Dembski considera el método probabilístico muy certero para los diagnósticos diferenciales de los objetos o sucesos naturales, pero aclara que la aplicación del método probabilístico puede no eliminar los *falsos*

negativos: fallar en el diagnóstico de diseño. Esto sucede según el autor, porque, o el sujeto que lo usa intenta (consciente o inconscientemente) ocultar un resultado positivo, o porque no tiene suficiente conocimiento para distinguir el patrón especificado. En otras palabras, Dembski considera certero el método, pero puede fallar su aplicación por razones humanas. En lo que se refiere a ***falsos positivos***: diagnosticar diseño cuando podría explicarse su ocurrencia por otros mecanismos, Dembski sostiene que el diagnostico probabilístico de diseño es ratificado constantemente cuando se conocen o se hacen evidentes las causas que condujeron a su generación (acción inteligente) –casos de posible diseño en el ámbito de las acciones humanas--, como ocurre en los hallazgos arqueológicos, investigaciones criminales, y situaciones similares. De manera que cuando se hace un diagnóstico de diseño de una manera poco clara, y no se tiene una historia de causas que lo generaron que lo ratifique, se recurre a la inducción: se consideran los casos de diagnóstico de diseño con historia documentada de casos similares--, pudiéndose así afirmar que este caso sin esa historia, también es correcto; este es un argumento de tipo inductivo. Se debe recordar que el argumento inductivo no es lógicamente absoluto (no hay certeza alguna que el suceso se repetirá) La situación de diagnóstico diferencial en sucesos naturales se complica porque la historia de sucesos similares puede no existir, o ser controversial.

Inferencia de DI desde las estructuras funcionales biológicas de orden teleológico.

Un diagnóstico más directo y concreto de la TDI, que evita los supuestos y las dificultades que presenta la aplicación del cálculo de probabilidades (método abstracto matemático) a las condiciones reales de la naturaleza, consiste en estudiar y analizar las estructuras teleológicas funcionales de la biología. Las estructuras teleológicas se caracterizan por estar constituidas por distintas piezas que funcionan coordinadamente para lograr una acción operativa común; esta acción es cualitativamente distinta de las funciones de sus partes, y de su simple suma (F. Ruiz, Junio, 2016; Meyer S 2009). Las estructuras teleológicas biológicas funcionales están constituidas por numerosas combinaciones de elementos químicos, que trabajan harmónicamente para generar una acción común, una función biológica; se pueden describir en términos de organización, como configuraciones complejas y especificadas (especificación funcional biológica), con lo que se constata una correspondencia con el acercamiento probabilístico de Dembski. Sin embargo, es importante destacar que este acercamiento a la detección de complejidad especificada biológica – *diseño*--, se realiza con el estudio científico de las estructuras funcionales biológicas, que diagnostican y describen su configuración teleológica; se trata de un proceso empírico científico. De manera que estas organizaciones biológicas teleológicas funcionales son 'observables' en los estudios efectuados por la bioquímica, son por tanto datos científicos comprobados; no se trata de una mera consideración probabilística de su posible ocurrencia, ni tampoco de una proyección conceptual antropomórfica para facilitar el estudio y comprensión de fenómenos difícil de diferenciar y de explicar.

Los organismos vivos están conformados por una inmensidad de estas estructuras complejas especificadas (teleológicas) que se coordinan para generar otras funciones específicas, y así sucesivamente para conseguir el funcionamiento completo de los seres vivos que los capacita para su desarrollo, su ajuste al medio que les toca vivir, y para lograr capacidad reproductiva. El análisis de estas estructuras muestra con claridad que su configuración denota una estructuración organizada de elementos activos variados, que sirven una meta funcional específica común- un orden teleológico claro y constatable. La coordinación de las acciones y funciones bioquímicas en el organismo de un ser vivo, es evidentemente de una complejidad y precisión asombrosa, en algunos casos operando en forma sincrónica, y en otros, de manera escalonada; todas conducentes a la realización de un fin común: el funcionamiento de un ser vivo. Es oportuno clarificar que el orden teleológico de las estructuras biológicas (estructuras bioquímicas) no es una configuración que se realiza con "propósito", sino que las describimos con una "meta" común; "propósito" implica una mente inteligente, y las estructuras bioquímicas no la poseen. La configuración de estas estructuras muestra la participación de una acción inteligente, pero las estructuras mismas no son obviamente inteligentes.

Este tipo de organización estructural funcional teleológica, en nuestra experiencia diaria, -- y en la observación objetiva y controlada--, solo se genera por el *poder causal de una acción inteligente*, con capacidad de formular un propósito –una meta--, y un plan para llevarlo a cabo, lo que implica: conocimiento, capacidad de elección y discernimiento. No se conoce ningún otro poder causal capaz de crear estas configuraciones de tipo teleológico; las leyes de la naturaleza conocidas, sin asistencia de una inteligencia, no poseen la capacidad de generar complejidad especificada; las acciones de las fuerzas fundamentales de la física son simples, + ó -, un "tira o empuja", carentes de dirección fuera de la acción inmediata. El recurso al azar no solo es filosóficamente irracional, sino que empírica y probabilísticamente fallido como factor coadyuvante de las leyes naturales para generar orden teleológico.

En base a los estudios bioquímicos que describen las estructuras biológicas teleológicas, y al análisis causal que explica la génesis de este tipo de estructuras, la TDI concluye que la explicación causal de estas configuraciones funcionales es una acción inteligente, y lo propone como la mejor hipótesis disponible para entender la organización, y explicar el origen histórico de las estructuras teleológicas funcionales en biología.

De estas estructuras teleológicas biológicas hay algunas que merecen destacarse especialmente, porque su meta funcional consiste en códigos que portan información biológica codificada para la construcción de aminoácidos, utilizados en la elaboración celular de diversas proteínas. Se trata de la macro molécula del ácido desoxirribonucleico (ADN), que se encuentra en todos los núcleos celulares de un organismo, y por supuesto, muy significativamente en las células germinales. La molécula de ADN se considera el paradigma de la información biológica por encerrar claramente información funcional codificada, imprescindible para el traspaso de la carga genética que hace posible el desarrollo de los seres vivos.

Brevemente, esta molécula de ADN está constituida por una doble cadena helicoidal de fosfatos y azucares (desoxirribosa) entre los que se encuentran --en parejas--, cuatro bases nitrogenadas –nucleótidos--, (adenina, timina (derivado de la pirimidina), guanidina y citosina) que impiden que las cadenas se junten; estas parejas de nucleótidos forman como los peldaños de una escalera helicoidal. Lo importante de señalar en este escueto esquema, es que estas bases nitrogenadas operan como letras de un alfabeto, codificando órdenes funcionales para la elaboración de los aminoácidos y su secuencia específica en cadenas para construir proteínas. Las posibilidades de unión química de estas parejas de nucleótidos con las cadenas laterales –y entre ellos—, son variadas, y ocurren sin orden prefijado por afinidades químicas; de manera que las codificaciones portadoras de mensajes, no pueden explicarse y reducirse a las meras leyes físico-químicas. Si estas codificaciones fueran el producto de leyes determinantes, serían fijas e invariables, y no sería posible la información codificada, y con ello, no tendríamos genética como la conocemos. (Cartwright, J Feb., 2016; Meyer, S., 2008)

La codificación de mensajes biológicos funcionales en el ADN es igual –no se trata de una simple analogía--, a la codificación funcional que realiza un operador de un computador; usa cuatro 'letras' con valor de ¼ de probabilidad, en vez de un bit con valor 0 ó 1: 1/2 de probabilidad como en los mensajes de una computadora. Los mensajes biológicos no son semánticos, esto es, con significado que necesita finalmente un agente receptor que los entienda, sino que son funcionales de tipo biológico, expresados en forma bioquímica; estos mensajes biológicos son similares a los mensajes computacionales que se envían para operar máquinas robóticas diseñadas para responder específicamente a estos mensajes. (Ruiz, FR., Enero del 2016. Cap. II y IV. Meyer, S., 2008 y 2009. Cap. 16) La codificación de mensajes codificados funcionales en el ADN y la codificación en los sistemas computacionales es perfectamente equivalente, no son similares ni análogos, sino que son operativamente idénticos; y en ambos sistemas --el computacional y el biológico--, la ordenación jerarquizada de información apunta claramente a una acción inteligente en su origen. En este proceso del manejo de la información codificada depositada en el ADN intervienen otras estructuras teleológicas bioquímicas, y no se necesita enfatizar que el único poder causal conocido para generar estructuras con esta capacidad de codificar, transmitir y procesar mensajes funcionales, envuelve necesariamente la participación de una inteligencia, de una acción inteligente. Esta conclusión no está basada en un argumento de similitud entre estas estructuras biológicas y un computador (diseñado), no se trata —como ya mencionado--, de un argumento analógico basado en la evaluación del grado de efectos similares —omitiendo diferencias--, para compartir la causalidad conocida de uno de ellos (computador), sino que claramente son efectos operativos idénticos, en ambos sistemas: codificación/decodificación y manejo sistematizado de información; a este tipo de estructuras funcionales, la única causa conocida legítimamente de hacerlas posible es una acción inteligente.

La conclusión de la participación de una inteligencia –una acción inteligente--, en la estructuración funcional y el origen de las estructuras biológicas teleológicas, incluyendo naturalmente a aquellas con capacidad codificadora de mensajes funcionales y su manejo, está clara y adecuadamente fundamentada en evidencias empíricas. Estas configuraciones teleológicas se denominan *diseños*, para enfatizar que su adecuada comprensión, apunta a la intervención de una acción inteligente. En consecuencia, la TDI propone la tesis de diseño para comprender correctamente la configuración y el funcionamiento de estas estructuras biológicas teleológicas, y lo ofrece también –siguiendo la metodología usada en las ciencias históricas--, como una hipótesis –adecuadamente fundamentada en experiencias actuales --, como la mejor explicación disponible en la experiencia presente, para dar cuenta del origen histórico de estas estructuras teleológicas, particularmente del ADN, de esencial participación en el origen de la vida. Este proceso de razonamiento está basado en la lógica abductiva del filósofo americano CD Peirce, que señala que desde las características de un hecho, se pueden inferir hipótesis –"conjeturas"--, acerca de su causa histórica, y se debe elegir naturalmente, la más 'adecuada' y completa. Pero como la acción inteligente en nuestra experiencia actual, es la 'única causa conocida' suficiente para generar estructuras complejas teleológicas, y muy especialmente las portadoras de mensajes funcionales codificados, se puede afirmar que, en lo que se refiere a la historia del origen de estas estructuras, ya no se trata de la mejor hipótesis disponible, sino que de la única tesis científica adecuadamente fundamentada.

La TDI, como toda tesis o hipótesis científica, está abierta a la competencia explicativa de posturas teóricas alternativas, si lograran demostrar apoyo en evidencias concretas. (Meyer, S., 2008) Debe quedar claro que la propuesta de la TDI, no es una afirmación metafísica dogmática inalterable, sino que es una tesis/hipótesis científica abierta a revisión, y es potencialmente susceptible de ser modificada o desplazada, si las evidencias de la ciencia así lo exigieran; sin embargo, siendo una acción inteligente el poder causal de la estructuración funcional de estas configuraciones biológicas, resulta difícil, si no imposible, imaginar que una acción inteligente, pueda ser desplazada, por un poder causal, sin capacidad organizativa, no inteligente.

La TDI al postular una acción inteligente implica un agente consciente con las capacidades propias de la inteligencia (conocimiento, propósito, planeamiento, elección, discernimiento), como posible responsable de esta acción; pero es muy clara y explícita, explicando que desde el campo de la ciencia no puede entrar en ese terreno. Esta Tesis no especifica cómo se pudieron haber gestado estas estructuras diseñadas, si esto ocurrió por una acción directa de un agente inteligente sobre un material existente, o si ocurrió por acción de propiedades inherentes en esos materiales, o por alguna otra razón metafísica o teológica, o científica. La TDI plantea un verdadero 'desafío', en diversas formas tanto para la ciencia como para otras disciplinas: la metafísica y la teología.

Esta inferencia de diseño realizada desde la presencia de las estructuras teleológicas biológicas detectadas en los estudios bioquímicos, está basada en el poder causal que puede explicarlas. No se trata de una aproximación probabilística, ni analógica.

Inferencia de DI en otras ciencias naturales. La inferencia de diseño también se encuentra en otras ciencias como por ejemplo la cosmología. Conocido es el fenómeno denominado como las 'coincidencias antrópicas'; esto se refiere a la interesante constancia y precisión de varios valores de constantes y leyes físicas; como, masa de neutrones y protones, constante de Planck, fuerza de gravedad, y otras, que son indispensables para tener un universo como el nuestro que hace posible la vida. Esta coexistencia de variadas dimensiones físicas no es fácil de explicar por puro azar o por simple coincidencia, por lo que la hipótesis de diseño se ha formulado como la mejor explicación de este estado de cosas. (Davies, P., 1988; 203) Lo mismo se ha observado en las condiciones físicas necesarias para la habitabilidad del planeta Tierra. (González G. & Richard JW. 2004; Meyer S., 2008) En estos campos la inferencia de diseño inteligente, es más difícil de establecer con la claridad y evidencia con que se hace en biología, por lo que esta reseña de la TDI que realizo en este trabajo, se ha concentrado en esta área.

BIBLIOGRAFÍA.

Aguirre, Cristian (Agosto del 2013). Los Indicadores Diseño. OIACDI. En PDF: http://www.darwinodi.com/free/pdfs/978-0615871486.pdf (Accedido en Noviembre del 2016)

Cartwright, Julyan H. E., Giannerini, Simone, González Diego L. (Febrero, 8, 2016). DNA as information: at the crossroads between biology, mathematics, physics and chemistry. En: Philosophical Transactions of the Royal Society.
http://rsta.royalsocietypublishing.org/content/374/2063/20150071

Davies, P. (1988): The cosmic blueprint, New York. Versión parcial en PDF: https://www.templetonpress.org/sites/default/files/Cosmic_Blueprint.pdf (Accedido en Noviembre del 2016)

Dembski, William (Feb. 20-23, 1997) Intelligent Design as a Theory of Information.
http://www.discovery.org/a/118 (Accedido en Noviembre del 2016)

Dembski, William (1998). *The Design Inference: Eliminating Chance through Small Probabilities,* Cambridge. Cambridge University Press.

Dembski, William. ID is "not science". En: Uncommon Descente: Glossary.
http://www.uncommondescent.com/faq/#notsci (Accedido en Octubre del 2016)

Dembski, William (2002 (a)). *No Free Lunch: Why Specified Complexity Cannot Purchased Without Intelligence.* Boston: Rowman & Littlefield.

Dembski, William (2002 (b). The Logical Underpinning of Intelligent Design.

https://billdembski.com/documents/2002.10.logicalunderpinningsofI D.pdf (Accedido en Octubre del 2016)

Gonzalez, G. and Richards, J. W. (2004): The privileged planet: How our place in the cosmos was designed for discovery. Washington, D.C.

Meyer C. Stephen (2008). A Scientific History and Philosophical Defense of the Theory of Intelligent Design. http://www.discovery.org/a/7471 (Accedido en Octubre del 2016)

Meyer C. Stephen (2009). *Signature in the Cell*. DNA and the Evidence for Intelligent Design. Harper One.

Ruiz Rey, Fernando (Junio 10, 2016). *Hilomorfismo. De la Teleología al Diseño Inteligente en Biología*. OIACDI. http://www.darwinodi.com/libros/ (Accedido en Octubre del 2016)

Ruiz Rey, Fernando (Enero 18, 2016). *Reflexiones sobre las vicisitudes de la Información*. OIACDI. http://www.darwinodi.com/libros/ (Accedido en Octubre del 2016)

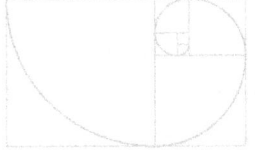

Capítulo II
Conceptos de información; Información biológica.

Concepto de Información.

En la sección anterior bosquejamos el núcleo de la tesis del Diseño inteligente (TDI), y vimos la importancia que las estructuras complejas especificadas juegan en la conceptualización de esta tesis. Un aspecto que no se tocó en este esquema es que se postula que estas estructuras son particularmente ricas en información biológica. Con esta propuesta nos enfrentamos al apasionante tema de la *información*, y lo primero que surge es la pregunta fundamental de, qué se entiende por información. Esta es una pregunta muy pertinente, puesto que este vocablo se repite en muy diversos contextos y con diversos sentidos, por lo que es muy fácil caer en desconcierto y confusión para todos aquellos que no somos especialistas en esta materia. Por esto creo que es oportuno revisar —muy brevemente— los diversos sentidos que ha tomado el vocablo información en los últimos decenios. (Ruiz, F., Enero 18, 2016)

Información interpersonal.
Para comenzar esta tarea creo que lo mejor es iniciarla en el nivel más concreto y usual que es la comunicación

interpersonal que nos provee constantemente de información de diversas materias y, además nos enseña rasgos del agente informante, fundamentalmente mediante el habla, tanto por su contenido semántico como por las inflexiones y énfasis de la voz, y también gestos y expresiones corporales realizados intencionalmente por el agente informante para complementar la comunicación de información. La información en el contexto de la interacción personal se puede caracterizar entonces, como primariamente constituidos por mensajes hablados –semánticos y expresivos--, que envía un agente a una o más personas; se trata entonces, de una actividad personal intencional y dirigida, lo que constituye un rasgo esencial en esta caracterización del concepto de información (también un agente puede utilizar gráficos, pinturas, fotografías para ilustrar su discurso informativo, y estas son parte de este proceso). La información son mensajes enviados voluntariamente y dirigidos a otros para revelar o informar -lograr un conocimiento--, de algo que ignorábamos o sabíamos a media, y a veces que ya sabíamos, pero que sin embargo, nos enteran indirectamente por la observación de los aspectos secundarios de la comunicación de información, como las entonaciones del habla, las actitudes del informante, su calidad de informante, su estado emocional, etc.

Se puede decir que el propósito de la información es generar conocimiento, por lo que muy a menudo se hace la información equivalente a adquisición de conocimiento o simplemente a conocimiento, pero no son exactamente lo mismo. La información como hemos dicho genera conocimiento, pero también se obtiene conocimiento con la simple observación de las cosas y de las situaciones humanas, sin que haya un informante que la provea. Esta distinción me parece importante, porque muy a menudo se hace de ellas una identidad, y consecuentemente se generan confusiones. Piénsese que si se tratara del mismo fenómeno, todas las cosas se transformarían en agentes informantes despersonalizados, y sería necesario utilizar – crear-- otro concepto para la información generada por un agente humano, que es verdaderamente la información más primaria que tenemos. Esta confusión se encuentra con frecuencia en la literatura que habla de información, incluso en las ciencias; por lo que es recomendable tener presente esta distinción para no caer en malentendidos y confusiones.

Cadena de la transmisión de información. Lo importante para nuestro propósito es que la información en el contexto interpersonal requiere de un agente informante, y de un receptor que entienda el mensaje o mensajes enviados, y también de medios por los que se transmiten estos mensajes. Es fácil notar que el comienzo y el final de la cadena de la transmisión de información, lo constituyen seres humanos que comparten una cultura y un lenguaje común; naturalmente hay muchos detalles importantes y variaciones en esta condición básica, así como también de otros aspectos de este breve esquema, pero no los mencionamos por no corresponder al propósito de esta exposición. Es sin embargo, interesante destacar *los medios* que se utilizan en la transmisión de información; en este sentido hay que mencionar fundamentalmente el habla en su aspecto semántico, que codifica ideas y sentires del agente informante en modulaciones de ondas sonoras (sonidos), que transmiten de este modo el mensaje semántico al agente receptor que las decodifica (automáticamente por aprendizaje previo), y comprende su significado. Los aspectos secundarios de la comunicación de información se transmiten por ondas visuales, son producto de la observación (visual y auditiva –modulaciones, énfasis, repeticiones, etc.). Hay que mencionar que hay otros elementos visuales y también auditivos, que no son generados voluntariamente por el agente informante para facilitar la comunicación, y que aunque son facilitadores de esta comunicación, no se consideran parte integrante de la información propiamente tal, que como hemos dicho es comunicación intencional y dirigida de información, o de 'conocimiento'.

Información impresa. La imprenta ha constituido un medio de notable importancia para almacenar y difundir información, tanto por medio de la escritura, y también compartiendo grabados, dibujos, música y pinturas. Esta contribución ha facilitado el desarrollo de la cultura y de la ciencia, y no es necesario recalcar su importancia. El medio transmisor son primariamente la tinta y el papel en donde se copian los signos de la escritura que codifica ideas, conceptos y también signos musicales. Es importante señalar que esta modalidad de trasmisión de información deja de lado los significativos aspectos secundarios de la información transmitida en la comunicación interpersonal, las modulaciones del habla, los énfasis, los gestos y expresiones que secundan y facilitan la comprensión de los contenidos codificados. Esta carencia disminuyó en parte con la llegada de la información transmitida en ondas de radio, y la información depositada electrónicamente en CD y cintas magnéticas, y más aún, con la transmisión simultánea de voz e imagen en la TV, videos y otros aparatos similares, gracias a los avances de la codificación electrónica y transmisión en diversos medios conductores.

Información transmitida electrónicamente.
La información transmitida electrónicamente ha cobrado gran importancia y valor al abrir grandes posibilidades para enviar, almacenar y manejar considerable cantidad de información, de manera rápida y en forma accesible al

público general; las aplicaciones prácticas y científicas de estas posibilidades son de un significativo impacto para la cultura y vida de los seres humanos en el mundo contemporáneo.

La información emanada de los agentes informantes que los operadores incorporan en un sistema computacional tiene que codificarse para ser manejada electrónicamente en este tipo de instrumentos. Para la codificación de la información se utilizan fundamentalmente caracteres numéricos, pero también pueden ser alfabéticos y alfanuméricos, combinación de ambos. Un 'dato' electrónico codificado está constituido --por convención (code ASCII)--, por ocho caracteres numéricos, que no utilizan el sistema numérico decimal (1, 2, 3, etc.), sino que el *sistema numérico binario*, de modo que cada uno de estos caracteres tiene un valor de 0 ó 1; se utiliza este sistema binario valorativo, porque de este modo un carácter se corresponde con el paso de la electricidad en el hardware, controlado mediante interruptores; y así, la ausencia de electricidad corresponde a un valor 0, y su presencia a un valor 1. Cada dígito de este binomio digital, constituye la unidad más pequeña de información electrónica. Se denomina *'bit'* el valor binario de cada carácter (que puede ser 0 ó 1) del conjunto de ocho que se usan para codificar un 'dato' de información electrónica; el conjunto de ocho bits se le denomina **bytes** (B). Los computadores que utilizan este sistema binario para la codificación, son los **computadores digitales**; con el número de bites que pueda manejar un computador, se indica su capacidad operativa para procesar información.

A los bites con sus ocho caracteres con los valores que se han elegido, se le pueden *asignar –codificar--*, el significado de letras, números u otros símbolos para transmitir electrónicamente los mensajes informativos de diversos tipos (gráficos, música, pinturas, etc.); un 'dato' entonces, está constituido por ocho bits que materializan la información mediante la codificación. De este modo la información codificada puede ser organizada, seleccionada, comprimida y manejada de distintas maneras por un sistema computacional electrónico; el conjunto de reglas para efectuar estas operaciones se denomina *sintaxis*. (Ruiz, F., Enero 18, 2016; 2)

Etapas del proceso informático. Entrada al sistema. Es importante enfatizar que todo el material informativo que se introduzca en un sistema computacional es producto de una acción voluntaria humana, ya sea porque esta es generada directamente por una o más personas, o porque estas personas utilizan materiales o instrumentos diversos con el propósito determinado por ellos. *Salida del sistema.* Al otro extremo de la cadena de transmisión de información se encuentra también uno o más agentes receptores del material informativo transmitido, previa decodificación realizada por el mismo sistema computacional: *datos procesados*. Sin embargo, no todos son *mensajes informativos semánticos o significativos* para agentes humanos capaces de entenderlos y valorarlos, también tenemos *mensajes informativos funcionales* generados por los seres humanos para a operar instrumentos y maquinarias de tipo robótico, especialmente diseñados para estos efectos. En un apartado anterior ya nos referimos a la información codificada del ADN que se transmite al cuerpo celular, para generar aminoácidos y sus secuencias en las cadenas proteicas, como información biológica funcional expresada en forma bioquímica, no eléctrica como en los computadores e instrumentos similares. *Medio de transmisión*. La transmisión misma de la información codificada en sistemas computacionales se realiza con electricidad, controlada para generar los bits con los valores escogidos, y así hacer posible la asignación de significado: codificación. Los avances de la ciencia y técnica contemporánea, han hecho posible utilizar otros medios de transporte de información materializada en los diversos y múltiples artefactos que manejan información, como por ejemplo, pulsos de luz en una fibra óptica.

El desarrollo de las ciencias de la computación y la cibernética, junto con el abrumador despliegue de información en nuestro ambiente contemporáneo, han transformado la percepción de la información, como un fenómeno independiente y objetivo, virtualmente desvinculado de su origen humano, y dotado de gran valor teórico y práctico; básicamente la información se ha convertido hoy en día, en un artículo suntuoso que cuesta dinero. Sin duda que la información es de fundamental importancia para el desarrollo de la comunidad, pero el deslumbramiento que genera el mundo digital, no está carente de problemas y peligros, no solo por la embriaguez y adicción que generan algunos de sus productos, sino que muy significativamente por el olvido del origen de toda información digitalizada, y lo que esto significa; la cadena de la información comienza con los seres humanos, con sus ideas y creencias, con sus intenciones y propósitos, que ineludiblemente contaminan la información que producen. La objetividad de la información es en gran medida una ilusión engañosa y peligrosa.

Teoría de la Información de Shannon.

Claude Shannon (1916-2001) fue un ingeniero y matemático americano que se ha considerado el padre de la cibernética. Su interés y estudios se centraron en la cuantificación y matematización de las operaciones computacionales. Shannon fue el primero en usar la expresión, 'bit', y mostró que su codificación de 1 ó 0, se podía conceptualizar como 'verdadero' o falso', utilizando el algebra de George Boole, matemático del siglo XIX que puso las expresiones lógicas en forma matemática. Shannon empleó esta álgebra para implementar el manejo de los bits en las computadoras. Con la matematización del sistema binario, y del transporte y manejo computacional de la información, se incorporó la teoría de las probabilidades en el estudio y la conceptualización de la información. En este proceso, **Shannon definió la 'información' como disipación de incertidumbre** (ignorancia) en la ocurrencia de un suceso: bit, y así, puede calcularse matemáticamente en forma probabilística.

Una moneda al aire, ejemplifica bien las posibilidades de los bits, su caída es 'cara' o 'cruz' (N: 2), y se corresponde con el valor 1 ó 0 de los bits. Probabilísticamente, una moneda en el aire tiene dos posibilidades –al igual que los bits--, por lo que la probabilidad de cara o cruz es de 50% ó ½ para cada una (si la moneda tuviera dos caras (N: 1), la probabilidad –cara--, sería 100% ó, 1). De modo que al caer la moneda y ofrecer un resultado, se disipa una incertidumbre, y esta disipación de incertidumbre es 'información' en la teoría de Shannon. *Al conocer el resultado, se tiene 1 bit de información,* si la moneda tuviera dos caras, la información es 0, puesto que se sabe de antemano el resultado final, no hay disipación de incertidumbre; la información contenida en el bit es en términos probabilísticos: ½. En una serie de lanzamientos de la moneda –o bits--, se obtiene una serie de resultados con ½ de disipación de incertidumbre –información--, con cada lanzamiento; de manera que, en la serie total de lanzamientos se tiene una información de ½ x N (número de lanzamientos). La información y las probabilidades están íntimamente relacionadas en esta concepción informática. Esta situación probabilística significa que, entre más lanzamientos de la moneda –o de bits en una computadora--, disminuyen exponencialmente la probabilidades de lograr una secuencia específica de cara o cruz, --las improbabilidades se multiplican: ½ x ½ x ½ ...; x N veces (número de lanzamientos o de bits). La información que se va logrando en este proceso, aumenta de modo correspondiente, pero al contrario que las probabilidades, la información se va sumando (las probabilidades se van multiplicando X N veces). La conversión de probabilidades a información, esto es, de la multiplicación a la suma (para facilitar su lectura y comprensión), se realiza aplicando una formula logarítmica negativa a las probabilidades, negativa por la relación inversamente proporcional de probabilidades e información; se utiliza un logaritmo de base dos para expresar el resultado en bits. De manera que con mayor probabilidad de que ocurra un suceso, se tiene menos información porque se disipa menos ignorancia, y vice versa. (Dembski W., February, 1997); Ruiz, F., Enero 18, 2016; 2)

La teoría de la información de Shannon se aplica con facilidad a las secuencias finitas alfanuméricas; así, por ejemplo, en el alfabeto español tenemos 27 letras, de manera que la probabilidad de que se presente una letra específica en una secuencia probabilística es de 1/27 (no ½ como un bit o una moneda), siempre que las letras tengan todas la misma probabilidad de presentarse probabilísticamente; lo que no ocurre exactamente por las reglas de ortografía y gramaticales. Esta diferencia debe considerarse en el cálculo de probabilidades que se realice. Otro ejemplo que es muy pertinente a nuestro trabajo es que, esta concepción de Shannon para medir la capacidad de información contenida en una serie finita de caracteres conocidos, se puede aplicar perfectamente al ADN, que contiene información en la secuencia de las cuatro bases nucleótidas, ya que cada una de estas bases tiene --muy aproximadamente--, la misma posibilidad de ocupar cada sitio de la estructura del ADN, de modo que la probabilidad de cada base de ocupar un sitio, es ¼; la capacidad de información se calcula con esta probabilidad para el largo de una secuencia particular de bases del ADN: N. (Meyer, SC., 2004)

Lo importante para esta presentación es tener claro que la teoría de *la información de Shannon es un cálculo matemático de la cantidad de información que contiene o puede contener una serie finita de caracteres*. La información en esta teoría es un concepto matemático, y se refiere a la cantidad de incertidumbre que es disipada en una información; esta información es abstracta, es una dimensión matemática, en cambio, la información interpersonal y la electrónica es concreta: mensajes semánticos o significativos y mensajes funcionales (como la del ADN); *la información de Shannon no se refiere a la formulación de mensajes semánticos o funcionales* (mensajes para operar robots, o mensajes funcionales biológicos) codificados. Dos series de las mismas letras y espacios, de nuestro alfabeto, ordenadas en forma diferente, de modo que una es una frase con sentido y la otra una ensalada de letras, disipan la misma cantidad de incertidumbre, esto es, contienen la misma cantidad de información de Shannon, pero solo la serie con una frase contiene un mensaje significativo, contiene una información conceptualizada como comunicación de un mensaje semántico. De manera que se tienen dos modos de entender el concepto de información, uno como, mensajes semánticos o funcionales originados en la mente de un operador, y destinados a ser recibidos – codificados--por otra mente receptora, o, generados específicamente para operar máquinas de tipo robótico; y el otro es una concepción de información matemático-teórica: disipación de incertidumbre: cantidad de información; dos maneras de entender la información muy diferentes. Estos dos tipos de conceptualización de la información se confunden a menudo en las diversas disciplinas que hablan de información, lo que genera problemas en su interpretación y en las consecuencias que se deriven de ella. La llamada información de Shannon ha sido de gran importancia técnica, y también teórica al ser utilizada en otras disciplinas, más allá de la informática, como lo es la física, con lo que la concepción de Shannon toma matices y consecuencias diversas que tienen que tenerse presente para evitar confusiones.

En este contexto informático, Shannon introdujo el concepto de entropía: **entropía de Shannon**; este concepto se refiere al valor esperado –término medio--, de información contenida en un mensaje, definiendo información por el logaritmo negativo de la distribución de probabilidades, que hemos mencionado más arriba; hay que recordar que el término entropía se refiere en general al desorden y a la incertidumbre. La entropía mide el contenido impredecible de información de un suceso o fenómeno de acuerdo a las probabilidades; por ejemplo en el lanzamiento de una moneda al aire, no se puede predecir si caerá cara o cruz, solamente se puede estimar su probabilidad, esto es ½ para cada una; nótese que para afirmar que la probabilidad es ½, hay que saber lo que está en juego: una moneda con cara y cruz. Como la información en la perspectiva de Shannon es disipación de incertidumbre, se tiene una entropía de 0 cuando no hay disipación de incertidumbre o información en la realización de un mensaje; en el caso del ejemplo de la moneda es 0, si la moneda tienen dos caras o dos cruces; se sabe de antemano el resultado, no hay disipación de incertidumbre. Lo interesante e importante de ver, es que la fórmula logarítmica que Shannon utiliza para su teoría de la información, es muy similar a las fórmulas que se emplean en termodinámica de estados en evolución, y en la mecánica estadística; en los que la información de Shannon facilita el cálculo probabilístico de aspectos aún desconocidos de los estados que se estudian; no necesito decir que estas proyecciones a áreas de la ciencia física de la teoría de Shannon son altamente técnicos, y no son materia para este superficial y breve esquema de los conceptos de información. Sin embargo, menciono estas proyecciones, porque han abierto la naturaleza a consideraciones informáticas, pero también se debe mencionar que estas relaciones entre información y entropía física, aún no están clara ni firmemente establecidas, y solo podría tratarse de una analogía o de una metáfora, o simplemente no tener mayor relación.

Información biológica.

En el apartado anterior revisamos el concepto de complejidad especificada, pero no mencionamos que este tipo de estructuras se considera rico en información, al punto que también se le refiere usando la expresión, *'información compleja especificada'*, particularmente en el campo de la biología. Esta expresión de información compleja especificada implica que la estructura es altamente informativa, muy contingente y aperiódica, es decir, no está comandada por leyes naturales con necesidad mecanicista. La complejidad especificada se caracteriza singularmente por presentar un patrón de organización que en biología es típicamente funcional y coincide –calza--, perfectamente con otras estructuras complejas especificadas --independientes--, para generar una función, una acción biológica. Esta correspondencia tan fina y precisa es, como ya hemos señalado anteriormente al hablar de la teleología biológica, una evidencia de diseño.

Ahora la pregunta central en esta sección es, qué significa información en este contexto de la complejidad especificada. Como ya mencionado, este aspecto se hace evidente en la esfera de las estructuras biológicas funcionales, que en buenas cuentas lo son todas las estructuras biológicas, de una u otra manera. Pero hablando particularmente de información lo primero que debemos mencionar en biología, es la información codificada en las macromoléculas ADN y ARN. Ya hemos visto un esquema del proceso de codificación realizado por las cuatro bases nucleótidas que operan como 'letras' en el ADN, de modo que su organización codifica químicamente –entre otras cosas--, aminoácidos y su secuencia en las cadenas proteicas, que se van a construir en las estructuras especializadas del citoplasma celular. No es el propósito de esta reseña, describir este complejo y extraordinario proceso, basta señalar que esta codificación es transportada y procesada para hacer posible esta construcción de los bloques esenciales del edificio proteico. Este traslado y preparación de la codificación para lograr su meta, sigue un canal/procesos bioquímicos, y en ella participan numerosas estructuras proteicas especializadas para efectuar estas acciones de transporte, de fragmentación específica y de lectura (decodificación) del material genético. No hay dudas que tenemos aquí, fenómenos evidentes de codificación y de decodificación, y patente transporte de información funcional expresada en estructuras bioquímicas organizadas específicamente para estas funciones.

La situación del ADN con respecto a la información codificada es clara, pero no todas las estructuras biológicas funcionales de un organismo presentan esta información codificada con 'letras' portadoras de información biológica. Ya hemos mencionado que en el manejo de la información proveniente del ADN intervienen muchas proteínas con funciones específicas que resultan esenciales para la actualización del material genético y de la 'información' que contiene; lo que supone su preexistencia a esta actualización. Además, el cuerpo citoplasmático de los organismos también encontramos numerosísimas proteínas funcionales que, entre otras funciones, regulan la expresión de la carga genética del ADN y están abiertas a influjos del ambiente para la adaptación al medio del organismo, por lo que resulta difícil pensar que estas funciones epigenéticas sean exclusivamente productos de la expresión genética. De manera que estas estructuras funcionales no serían solo producto de influencia genética, y la 'información' que posean no es por tanto derivada completamente de esa información central del ADN, por compleja y múltiple que sean sus codificaciones. En suma no se puede concluir que la información biológica de un organismo sea exclusivamente un producto directo ni indirecto, de la información del ADN. A propósito de este punto se debe mencionar, que a pesar de que las investigaciones en biología molecular apuntan a una diversificación de las agencias biológicas responsables del desarrollo de los organismos, aún se encuentran autores que atribuyen a la carga genética central el papel fundamental, si no exclusivo, de este proceso. Esta postura se debe en gran parte a la influencia de la doctrina neodarwinista, que considera a los genes de crucial importancia como el asiento de las mutaciones que harían posible la evolución.

Desde hace ya varios decenios, se viene hablando de información para cubrir prácticamente todas las estructuras funcionales de un organismo, abarcando también señales y conexiones consideradas partes del sistema informativo (incluyendo hormonas, y controles nerviosos variados). Y claro está, si un organismo es concebido como la integración funcional de múltiples estructuras teleológicas interconectadas, nada de este organismo queda sin ser parte de esta totalidad holística que permite la vida del organismo. Y si con la palabra o concepto de información nos estamos refiriendo a aquello que hace posible las acciones y respuestas funcionales, un 'saber cómo', un 'conocimiento' de algún modo materializado en las estructuras bioquímicas organizadas, esto nos conduce a concluir que la propuesta en boga, es entender lo biológico como expresión de información; sea o no esta información, el resultado exclusivo de los programas y de las acciones de la pareja central de ADN y ARN.

De modo que la información biológica no sería solo la información codificada, ni aquella transmitida como mensaje funcional, que es limitada, puesto que se hace evidente y clara, fundamentalmente desde el ADN hasta los ribosomas que fabrican los amino ácidos; de manera que con el término información se cubre básicamente todas las estructuras biológicas funcionales del organismo. Esta concepción de información es diferente a los conceptos de información que se han revisado en este trabajo, y que subrayan que la información son mensajes semánticos informativos o funcionales generados por un agente humano destinado a un agente receptor también humano, o a una máquina especialmente diseñada para responder a estos mensajes funcionales, de acuerdo a su diseño. La información no es materia ni energía, aunque pueda codificarse en diversos medios materiales; la información es conocimiento que se transmite codificado desde un agente a otro o a una maquina robótica especialmente diseñada para responder. De modo que la concepción de información de las estructuras funcionales del organismo, y básicamente de todo el organismo, no corresponde con la descripción básica y primaria de información como producto de agentes inteligentes.

Una manera que se propone para entender la vasta información biológica es como aquello que es fuente de conocimiento; así una bacteria contendría mucho más información que un simple grano de arena. En buenas cuentas esta manera de conceptualizar la información la transforma en información física, que se encontraría presente en todos los objetos susceptibles de ser conocidos. Esta concepción de la información hace posible el conocimiento de los objetos mediante su información física; se puede decir que se trata de una información descriptiva. Pero esta aproximación al concepto de información es básicamente hacerla equivalente al proceso de 'adquisición de conocimiento', y de este modo la caracterización de información está supeditada y dependiente del ser humano que tiene acceso a ella y se abre a su conocimiento. La pregunta que surge es si ese cuerpo poseedor de información, ese grano de arena no es observado por nadie, qué pasa con su información: ¿Desaparece o se hace potencial? No es el objeto de esta brevísima revisión explorar esta avenida del concepto información, pero pareciera que presenta dificultades en consistencia y claridad, y sobre todo se aleja fuertemente de la información básica generada intencionalmente por los seres humanos. Además, si se adaptara esta conceptualización, habría que buscar otra palabra para designar la información generada por los seres humanos.

Otro intento de entender la información biológica recurre a la Teoría de la información de Shannon, que es básicamente una perspectiva matemática para cuantificar el contenido de información de una serie finita --actual o posible--, de caracteres conocidos con sus probabilidades de ocurrir. Se considera que a las estructuras biológicas complejas especificadas, esto es, las estructuras funcionales teleológicas, se les puede aplicar la concepción de Shannon, puesto que desde el punto de vista de las probabilidades, estas estructuras al instanciarse despejan incertidumbre al descartar otras posibilidades de aparecer o de ser, y así contienen información, o tal vez mejor dicho, son información. En otras palabras, con esta aproximación, se está conceptualizando la realidad biológica como contingente —condición esencial para aplicar esta perspectiva--, siguiendo la Teoría de las probabilidades; y esto es un supuesto teórico, pues la realidad simplemente, es; lo de contingente o no contingente es una consideración teórica para aplicar las probabilidades. La información como dice Dembski (Feb. 20-23, 1997), es: "...la actualización de una posibilidad con exclusión de otra." ..."Aprender algo, adquirir información, es eliminar posibilidades." En otras palabras, al aprender o conocer algo se elimina ignorancia o, siguiendo a Shannon se elimina incertidumbre. Esto significa que en esta perspectiva de Dembski, se sigue la conceptualización de información propuesta por Shannon. De manera que para este autor, la información generada por el juego de probabilidades es básicamente conocimiento, adquirir conocimiento; y explícitamente aclara que la información transmitida por un medio, por un canal (la información primaria y clara), es solo un tipo de información. Esta concepción de información se aplica a la biología, pero también puede aplicarse a toda la realidad según este autor; como por ejemplo un átomo de Na; su presencia implicaría el descarte de otras posibilidades, habría despeje de incertidumbre, y por tanto habría información. Desde esta perspectiva, todo lo real despeja incertidumbre, y todo es información, lo real es información; y esa información se haría vigente cuando la contemplamos y estudiamos, o sea, cuando 'adquirimos conocimiento'.

De acuerdo a esta aproximación de la información biológica, la 'información de una complejidad especificada' (ICE) provee información compleja acerca de algunos aspectos del rodaje del mundo y de las funciones biológicas no posibles de explicar por las acciones de las leyes de la naturaleza, aún en combinación con el azar. (Dembski, 1997) En buenas cuentas, los diseños inteligentes en biología y en otras ciencias, no serían otra cosa que información compleja especificada. Este tipo de información es para Dembski, la fórmula diagnóstica de acción inteligente.

Al incorporar las probabilidades a una estructura biológica teleológica –complejidad especificada--, haría posible la medición de la cantidad de información que contiene, con la consecuencia de que a mayor complejidad –mayor improbabilidad de ocurrir--, se tendrá más información. La medición de información se hace utilizando la formula logarítmica de Shannon, ya mencionada; pero pareciera, --por lo menos para los que no somos expertos en estas materias--, que aplicar estas mediciones de probabilidad de ocurrencia a elementos y substancias químicas, que son los componentes de una complejidad especificada biológica, implica una mayúscula tarea, no solo porque las acciones de estos elementos y substancias químicas se rigen por las leyes fisicoquímicas que limitan la contingencia esencial para el juego de probabilidades, sino también, porque calcular probabilidades de posibilidades descartadas que no son conocidas (y supuestamente 'vivas'), sino más bien fabricadas teóricamente, pareciera ser particularmente especulativo; y además introduciéndose en un área más allá de lo empíricamente dado, en otras palabras con un tono metafísico. Estas consideraciones críticas emanan al considerar que los cálculos realizados por Shannon en bits, o en lanzamientos de moneda, son concretos y de probabilidades conocidas, tanto de los resultados logrados o esperables, como de las probabilidades descartas (0 ó 1; cara o cruz; ½ o 50% de probabilidad cada uno). De modo que la concepción probabilística de la 'información especificada compleja', o de la mera 'complejidad especificada', que son básicamente la misma cosa, no deja de presentar dificultades.

Estas breves descripciones y críticas no hacen justicia a las tesis de los autores que postulan estas concepciones de la información, particularmente a los elaborados argumentos que utiliza Dembski. Pero creo que son suficientes para señalar que entrañan muchas dificultades, áreas oscuras, y también supuestos discutibles y especulaciones que no ayudan al logro de una concepción sólida, clara de lo que se entiende por información en este terreno, ni tampoco resuelven el 'desafío" que significa la tesis del Diseño inteligente. La descripción elemental y básica de información se sustenta en la acción de un agente pensante que intenta transmitir mensajes informativos u operativos, esta condición básica de la información queda resonando en el trasfondo del origen de la información en las tesis mencionadas, y en otras similares. Dembski es perfectamente consciente de esta situación, y escribe un libro de metafísica para incursionar sobre este aspecto y completar la presentación de la información probabilística; pero esto no es tema de nuestro trabajo. (Dembski. WA., 2014; Ruiz, FR., Enero18, 2016)

Lo que queda claro en esta breve revisión es que las estructuras biológicas funcionales poseen una configuración teleológica que recoge y modula las acciones de los átomos y moléculas que la conforman, para ofrecer una acción bioquímica común, capaz de desencadenar funciones en otras estructuras biológicas complejas. Esta increíble finura y precisión, e 'inteligencia', que nos muestra la ciencia bioquímica biológica, a todo nivel de un organismo, solo es posible de explicar por una *causa inteligente* responsable de la configuración de las estructuras que hace posible la efectividad biológica de las acciones bioquímicas, desde la gestación del organismo, hasta su muerte. El cómo esto es posible y cómo se lleva a cabo, es tema de estudio, para la ciencia y para otras disciplinas como la metafísica/teología; solo para mencionar como un ejemplo en este sentido, tenemos el intento para entender la estructuración corporal de los organismos, presentada por Meyer, S. (2004) que sugiere que la 'forma' o estructura —comandada por proteínas especializadas e influencias genéticas--, juega un papel primordial como directriz en la construcción de los segmentos del cuerpo de los individuos y de las especies; un paso en dirección a la organización funcional de las estructuras teleológicas funcionales biológicas.

Es importante señalar que en los estudios biológicos computacionales se usa a menudo el término 'información', particularmente en los centrados en probar la viabilidad de la evolución; en este contexto computacional el término información se usa preferentemente para designar alguna forma de información biológica, pero obviamente esta no deja de ser en la realidad de la experiencia, información en el sentido llano, puesto que son ordenes intencionales de un operador humano, aunque se le asigne un significado meramente biológico. A pesar de esta ambivalencia de la terminología, estos estudios han sido útiles en mostrar que ciertas estructuras biológicas teleológicas – 'información'--, son indispensables para la macro-evolución, y no aparecen espontáneamente, en un ambiente meramente mecanicista.

La incorporación del vocablo información en biología, sin recurrir a explicaciones probabilísticas, ni a la noción de conocimiento, tiene la ventaja de ser fundamentalmente descriptiva, con lo que se evita el uso de supuestos y especulaciones necesarias para la aplicación de las probabilidades, y del concepto subjetivo 'conocimiento'. Con el término información se señalan meramente las acciones bioquímicas organizadas inteligentemente para generar acciones conjuntas específicas: funciones biológicas. De manera que con esta terminología se indica una información biológica materializada en las estructuras bioquímicas. Este uso extendido del término información tiene el inconveniente de desdibujar el significado primario del concepto de información, lo que puede generar confusiones si no se tiene presente esta diferencia, pero por otra parte, resulta cómodo y significativo su uso. En lo que se refiere al origen de esta información, este está ligado a la TDI, que no incurre en especulaciones metafísicas para explicar la acción inteligente que configura estas estructura, solo señala que son diseñadas para ejercer sus funciones específicas.

BIBLIOGRAFÍA:

Dembski, William (Feb. 20-23, 1997) Intelligent Design as a Theory of Information.
http://www.discovery.org/a/118 (Accedido en Noviembre del 2016)

Dembski, William (2002). No free lunch: why specified complexity cannot be purchased without intelligence. Rowman & Littlefield, Lanham, Maryland.

Dembski, William A. (2014). Being as Communion. A Metaphysics of Information. Ashgate Science and Religion.

Meyer Stephen C. (2004). Intelligent Design: The Origin of Biological Information and the Higher Taxonomic Categories. Proceedings of the Biological Society of Washington; 117(2): 213-239. En: Discovery Institute
http://www.discovery.org/a/2177 (Accedido en Noviembre del 2016)

Ruiz Rey, Fernando (Enero 18, 2016). *Reflexiones sobre las vicisitudes de la Información*. OIACDI.
http://www.darwinodi.com/libros/ (Accedido en Octubre del 2016)

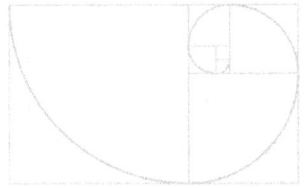

Capítulo III
Criterios de demarcación de la ciencia.

¿Es parte de la ciencia la teoría del diseño inteligente?

Como hemos visto en un apartado anterior, la TDI sostiene que algunos fenómenos naturales no son posibles de ser explicados en lo que se refiere a su configuración funcional y a su origen, con solo el poder causal de las leyes de la naturaleza conocidas, ni aún en combinación con el azar. Esta Tesis propone que el único poder causal conocido capaz de generar configuraciones funcionales teleológicas, como las que se encuentran plena y evidentemente en el campo de la biología, es una acción que envuelve la participación de una inteligencia: una acción inteligente, una acción con capacidad de discernir, elegir, desarrollar un plan y lograr un fin con propósito. Esta propuesta es el resultado de la observación de las estructuras teleológicas biológicas (complejidad especificada), de su descripción y comprensión como organizaciones moleculares dirigidas a lograr un fin funcional común, realizadas por los estudios bioquímicos. Las bases que soportan esta tesis son 'empíricas' y evidentemente científicas, y las inferencias que se realizan son perfectamente adecuadas y lógicas.

Sin embargo, a pesar de esta claridad conceptual, los críticos de la TDI la rechazan argumentando que no cumple con los requisitos de una tesis científica. En este trabajo vamos a revisar algunas de estas críticas, comenzando con las dificultades que surgen para definir con nitidez lo que se entiende por ciencia.

El problema de la demarcación de la ciencia.
Muchos de los críticos que rechazan la TDI, simplemente afirman que no es una ciencia, argumentando que no cumple con lo que consideran las reglas propias y esenciales de la actividad científica. Esta crítica claramente depende de una definición de lo que se considera, o debe considerarse ciencia propiamente tal; y esta es una cuestión muy debatida en los últimos años en la filosofía de las ciencias: cómo se diferencia la ciencia de la pseudociencia, o más ampliamente, cuáles son las ideas y 'creencias' epistemológicamente justificadas para definir lo que se entiende por ciencia y por actividad científica. Esta interesante tarea se conoce comúnmente como *el problema de la demarcación de la ciencia*.

Considero que es importante revisar, aunque sea someramente, este interesante asunto, que no solo tiene relación directa con el tema que nos ocupa: el estatus científico de la TDI, sino que también nos ayuda a comprender las limitaciones que enfrenta el conocimiento científico, que a menudo se le considera como perfectamente confiable y absoluto en el conocimiento de lo que nos rodea, y tiende de este modo, a convertirse en la fuente primaria, si no la única, para dirigir autoritariamente la vida personal y comunitaria de los hombres. Naturalmente el conocimiento recogido por las ciencias es de capital importancia en sus aplicaciones tecnológicas y prácticas, a muchos niveles de la vida humana; pero las dificultades que se enfrentan en su definición y precisión epistemológica, limitan sus proyecciones como el único conocimiento certero y confiable del mundo que nos rodea, y dan amplia cabida al reconocimiento de otras formas de conocimiento, habitualmente consideradas no científicas.

Un primer problema que se presenta en el esfuerzo por definir lo que se entiende por ciencia, y determinar sus parámetros, es que este vocablo se puede usar no solo en forma descriptiva para presentar lo que hacen los científicos en su tarea profesional, sino también se puede utilizar en forma normativa para precisar la calidad epistemológica de sus métodos y la solidez de sus resultados; este último acercamiento es el más utilizado por los filósofos. Pero en ambos acercamientos nos tocamos con otro problema, no menos importante y significativo, y es, qué ciencias vamos a considerar para esta descripción, o análisis epistemológico. Y en este sentido hay variaciones, en algunas tradiciones filosóficas el término de ciencia se aplica primariamente a las ciencias naturales y disciplinas que usan procedimientos similares como la economía y la sociología; en otras, el concepto es más amplio, para incluir disciplinas humanísticas como la historia, la filosofía y otras. La aplicación del amplio espectro del concepto de ciencia, se ha visto respaldado en los últimos años por la creciente conciencia de la necesidad de la coordinación de múltiples disciplinas en el estudio realizado por las ciencias más duras, y muy particularmente, por la participación de la filosofía con un aporte importante en el análisis de su metodología y de los conceptos utilizados, de los supuestos subyacentes y de las proyecciones que se desprenden de sus conclusiones, incluyendo las dimensiones éticas. Las diversas disciplinas que se aceptan bajo el rubro de ciencias conforman entonces, un cuerpo general que participa de una actividad con características particulares (específicas), del cual las diversas disciplinas son ramas científicas. El amplio espectro del concepto de ciencia tiene el claro beneficio de incorporar los esfuerzos gnoseológicos sistemáticos y críticos que realiza el ser humano, para conocer y entender el mundo y las circunstancias que vive, y que necesitan una demarcación para garantizar su validez frente a las *pseudociencias*, esto es, doctrinas que se presentan como ciencia sin cumplir los requisitos que corresponden, y que incluyen: las creencias y supersticiones populares que toman carácter de conocimiento válido del mundo, la astrología, las ideas de carácter religioso aplicadas equivocadamente como conocimiento de la realidad,; y hay que agregar los grupos de negadores de hechos históricos como, el holocausto, y otros crímenes cometidos en la historia de la humanidad. El concepto de pseudociencia, como su nombre ya lo indica, está definido en relación a la ciencia 'verdadera' –con más o menos antagonismo a ella, en competencia con lo que es, o debiera ser área de una ciencia bien llevada, y propagando sus doctrinas como válidas o 'científicas',--, por lo que en el curso de su historia este término de pseudociencia ha tenido un sentido peyorativo. El grupo de actividades que se tildan de pseudociencia es heterogéneo (astrología, frenología, homeopatía, etc.), y no fácil de definir con precisión, ni de fijar sus límites, para algunos autores es un área gris que depende de factores culturales, y políticos, y cuya caracterización como pseudociencia se hace fundamentalmente con respecto al desarrollo de la ciencia del momento. Además hay que reconocer en el espectro de los conocimientos humanos, tenemos otras disciplinas con conocimiento disciplinado y sistematizado, como la religión, la filosofía, la metafísica, la ética, la lógica, etc., que naturalmente no se pueden describir como pseudociencias y de las cuales la ciencia necesita deslindarse adecuadamente. En suma, el problema de las fronteras que presentan las ciencias es vasto y variado, primero entre las distintas disciplinas científicas, y luego con el heterogéneo grupo de las pseudociencias y otros saberes sistematizados y lícitos, de los seres humanos; la tarea de la demarcación de la ciencia enfrenta un verdadero desafío.

El problema de la demarcación de la ciencia se plantea entonces, fundamentalmente en su deslinde con las llamadas *pseudociencias* que se presentan en forma competitiva y con validez no apoyada en los procedimientos científicos usuales. Este problema, como es de suponer se presenta, con mayor o menor fuerza, en forma paralela al desarrollo de la ciencia, por lo que es fácil rastrearlo en los últimos tres siglos, aunque naturalmente se hallan gérmenes de esta confrontación aún en la filosofía griega (exigencia de argumentos causales, de demostración lógica, de uso de universales, etc.). Sin embargo, solo en el siglo XX emerge en forma distinta el problema de la definición de ciencia frente a la pseudociencia, para conocerse como el *problema de la demarcación*. Este problema lo revisaremos brevemente, presentándolo en secciones que recogen los esfuerzos más conocidos realizados para separar la ciencia de la pseudociencia, y de otras disciplinas.

Principio de verificación. Al comienzo del siglo XX los positivistas lógicos del Círculo de Viena se plantearon el problema de deslindar las proposiciones científicas de las afirmaciones metafísicas, y así deshacerse definitivamente de ella; y, junto con la metafísica, eliminar todas las otras proposiciones no formuladas desde la ciencia. Para este propósito, propusieron que una proposición –no perteneciente a un sistema formal, que tiene su propia evidencia lógica--, para tener *significado cognitivo*, y ser científica, debe ser verificable empíricamente (verdadera o falsa): **principio de verificación**. Nótese, que para estos filósofos, si las proposiciones no pasan esta prueba, se trata de afirmaciones sin ningún sentido; esto significa, lisa y llanamente, la eliminación total del saber humano que no sea 'científico'. Este criterio pronto se debilitó frente a las dificultades de realizar las observaciones o experimentaciones pertinentes en forma directa, y se modificó para aceptar la condición de *ser al menos susceptible de verificación*, aunque no se pueda realizar prácticamente. Pero la dificultad no se disipa, puesto que hay proposiciones universales, en el sentido que se hacen afirmaciones acerca de un posible conjunto infinito de objetos, no siendo posible verificar cada uno de ellos, ni siquiera en principio. Nuevamente se modificó el criterio para aceptar, que si no se encuentra ninguno falso de los verificados en este conjunto, se puede considerar la afirmación como "probablemente verdadera" (un recurso a la inducción en su sentido psicológico); pero este ajuste quiebra el sentido estricto del principio de verificación, puesto que la inducción a la luz de la lógica, no entrega un conocimiento, ni acabado, ni absolutamente certero, puesto que siempre es posible que se tenga una observación contraria en cualquier momento. Además de estas dificultades que plantea la verificación de las proposiciones, se agrega que no todas las afirmaciones científicas se pueden formalizar para ser objeto de la experiencia sensible; y aun más, y muy significativamente, el principio de verificación mismo, no deriva de ninguna experiencia empírica, es solo una recomendación para el lenguaje científico; una recomendación arbitraria y claramente reduccionista del conocimiento humano (el positivismo reduce el lenguaje significativo al lenguaje científico). Estas insuficiencias señalan las limitaciones profundas del criterio propuesto por el positivismo lógico para asegurar la certeza de las proposiciones científicas, y no puede usarse como un criterio de demarcación absoluto y definitivo frente a las afirmaciones metafísicas y a otros enunciados no científicos. Pero, naturalmente se han hecho esfuerzos desde la lógica para salvar un criterio de demarcación positivista, como ejemplo, creación de lenguajes artificiales (meta-lenguajes) para eliminar la metafísica, pero no han hecho fortuna; su análisis no corresponde a esta revisión. Se puede comentar que la prescripción de demarcación del positivismo lógico se destruye a sí misma, al aplicarla a la ciencia concreta.

Muchos filósofos concuerdan que numerosas hipótesis científicas son inverificables, sin ir más lejos las mismas leyes científicas no son verificables en cuánto leyes, sino que solo se "confirman" en casos particulares, por la experiencia. La **confirmación** se entiende bien en el contexto de la 'verificación' que, como hemos señalado, implica que se establece definitivamente la verdad de la proposición científica, en cambio con el término confirmación, no se logra una ratificación absoluta. Estas proposiciones de confirmación --y verificación--, son de tipo sintético: el predicado no está contenido en el sujeto de la afirmación –juicio--: ej. el perro es negro. Se trata de proposiciones *a posteriori* que proporcionan un nuevo saber, son por tanto singulares y entregan un conocimiento contingente –no universal--, dependen de la experiencia. Como ya lo hemos dicho más arriba, se considera muy dudoso –y lógicamente imposible--, que un juicio de este tipo, pueda ser verificado definitivamente en forma absoluta. El término confirmación indica precisamente esta reserva que se tiene frente a la verificación definitiva. Pero hay grados de confirmación, y el precisar estos grados con recursos lógicos o semánticos, no ha sido una tarea sencilla que haya conducido a resultados satisfactorios que logren un consenso unánime; en cualquier caso, estos procesos son complejos y de dudosa utilidad práctica en la actividad científica. El concepto de confirmación, no es equivalente técnicamente al término, **"*corroborar*"**, que usa Popper para describir el apoyo que aporta una prueba a una teoría que se intentaba falsear. Con este concepto de corroboración, Popper inicialmente esquivó hablar de 'verdad' de la teoría que resistió la prueba de falsación, para solo indicar que la teoría todavía era viable y más confiable, pero potencialmente falseable. Sin embargo, posteriormente integró el concepto de verdad y el contenido de una teoría, para generar un concepto metalógico de verosimilitud (ver más adelante).

Falsabilidad. **Karl Popper** (n.1902-m.1994) (1963; 1935) es un conocido filósofo de las ciencias, considerado uno de los más distinguidos y citados con respecto al problema de la demarcación. Este autor, rechaza el criterio propuesto por los positivistas para el diagnóstico diferencial de ciencia y metafísica (y con ella las pseudociencias y todo lo que no sea ciencia), así como tampoco acepta el método de la inducción como la base de la construcción de teorías, ni como fundamento del método científico. Con el método inductivo, basado en un número finito de observaciones no se pueden generar conclusiones universales (teorías), especialmente si se cuentan con muestras limitadas (el intento de justificar el método inductivo por la mera experiencia —esto es: que funciona--, es a su vez, inductivo). Popper es de la opinión que *el conocimiento científico empírico es conjetural*, es siempre susceptible de ser falseado, por tanto las proposiciones científicas tienen que estar abiertas a la posibilidad —lógica--, de ser falseadas empíricamente; y así, la meta de las ciencias, no consiste en lograr una verdad asentada —verificación--; eso es dogmatismo para Popper.

Esta situación de falsabilidad otorga a las teorías--si corroboradas--, más firmeza y sustento empírico, aunque sea en forma transitoria, porque la teoría continúa siendo potencialmente falseable. Entre más riesgo tenga una teoría de ser falseada, tiene más status científico; de ahí, las teorías imposibles de ser falseadas, quedan fuera del ámbito de las ciencias. Para este filósofo es importante que la posibilidad de falsear una teoría sea fácilmente detectable, para asegurar su escrutinio. Con este criterio, la doctrina psicoanalítica es un buen ejemplo de una teoría plenamente explicativa de toda conducta humana, que no permite la posibilidad de falsearla, pues toda observación es interpretada desde la misma teoría; de manera que cualquier 'prueba' que se realice confirma la tesis. De acuerdo al criterio de demarcación de Popper, el psicoanálisis no es una doctrina científica, aunque pueda constar con algunos beneficios.

Popper con su criterio basado en la falsación, invierte el criterio de verificación de los positivistas lógicos, y para él, las teorías científicas no se construyen con el método inductivo de verificación por las razones ya señaladas, sino que las teorías se elaboran de otros modos --la inventan los científicos, este es un proceso psicológico y su estudio pertenece a la 'psicología del conocimiento'. De las teorías se *deducen* proposiciones que se someten a pruebas --se exponen a la experiencia empírica--, con la posibilidad de ser falseadas —no se trata de un proceso inductivo de verificación, sino de un proceso deductivo de corroboración. Este énfasis en la falsación que hace Popper es consecuente con su concepción de que *las teorías son conjeturas* elaboradas para solucionar problemas; una visión pragmática, sin pretensiones ontológicas. Con este proceso de falsación *se justifican las teorías lógicamente* —se usa la deducción de proposiciones falsables; el estudio de este procedimiento pertenece a la 'lógica del conocimiento'. Popper abandona el método inductivo para elaborar y probar las teorías en ciencia, para reemplazarlo por un método deductivo de proposiciones falseables en pruebas: experiencia (observación/experimentación). Con este viraje lógico-metodológico, se puede decir que Popper torna más firmes las teorías científicas 'corroboradas', que las derivadas por el método inductivo —'verificadas'--, porque las teorías en la aproximación de Popper, se están tratando de falsear constantemente, en vez de considerarse ilusoriamente como verificadas (verdaderas o, en el mejor de los casos, como probablemente verdaderas); de acuerdo a Popper con el método inductivo para formular teorías de valor universal, se puede caer fácilmente en el dogmatismo científico.

La concepción de Popper de que *el conocimiento empírico es en base a conjeturas* que se van descartando constantemente como falseadas, es una postura derivada de la lógica de la inducción: la observación no ofrece un conocimiento universal, siempre es posible que surjan observaciones que falseen una teoría vigente; las teorías son siempre transitorias, puesto que es lógicamente imposible verificar conclusivamente cualquier teoría. Y tal vez se podría agregar, que esta concepción implica una cierta perspectiva metafísica con respecto a la posibilidad del hombre de conocer plenamente la totalidad del mundo que lo rodea: el ser humano, si bien es cierto es capaz de conocer el mundo en que vive, el conocimiento completo y final va más allá de sus posibilidades. Persson, U. (1915) en este sentido, comenta que Popper es realista y sostiene que hay una 'verdad' en el mundo, pero que no se puede conocer completamente, solo es posible un acercamiento indefinido, fundamentalmente mediante un proceso de eliminación de lo que no es verdad; para Popper existiría una **separación infranqueable entre epistemología y ontología.**

Popper con su propuesta de falsabilidad intenta conseguir un *"concepto de ciencia empírica"*, mediante el uso de la *lógica del conocimiento y el método de la "experiencia"* (observación/experimentación). Con la lógica del conocimiento, nos dice Popper (1935; 27) "sometemos a pruebas las proposiciones científicas por sus consecuencias deductivas." (Modus tollens: negación del consecuente) Se seleccionan las consecuencias para ser sometidas a la experiencia (observación/experimentación), que debe ser *inter-*

subjetiva y *replicable*, para evitar caer en un psicologismo –apreciación--, personal: intuición, convencimiento, me parece claro, etc. En esta breve revisión no vamos a intentar introducirnos en todos los aspectos lógicos relacionados con el proceso de falsación, como la comparación de la posibilidad de falsación de las distintas proposiciones científicas, sus mediciones, y otros temas relacionados: la idea de "simplicidad" de la teoría y las probabilidades que entraña la falsación. Se trata de un material abundante, complicado y técnico, con múltiples detalles y conceptualización lógica avanzada; solo mencionaremos algunos aspectos muy generales y parciales para dar una idea del grado de complejidad y sutileza con que el autor elabora su teoría de la falsación.

Después de analizar la coherencia y la consistencia de una teoría (contradicciones y tautologías), y de compararla con otras teorías relevantes al tema, para evaluar su competencia y valor, se debe someter a prueba para intentar su falsación. Se falsea una teoría si se desprende de ella una proposición que la desmiente (se entra en una contradicción interna del sistema teórico), o se deduce un *enunciado singular predictivo,* esto es, una **proposición básica de existencia**, que se pone a prueba, y muestra un resultado no permitido por la teoría –una prohibición--, que si resulta tal, falsea la teoría. Este tipo de proposiciones que predicen algo prohibido por la teoría, Popper los denomina "falsadicadores potenciales", su presencia es indispensable para que una teoría sea falseable, y su número indica su grado de falsación. Estas proposiciones prohibitivas dicen algo del mundo de la experiencia, algo que no es tal; los falsadicadores constituyen el "contenido empírico de una teoría". Estos enunciados predictivos prohibitivos describen una *ocurrencia*, algo que de ocurrir falsifica la teoría; pero para falsear una teoría no basta una sola ocurrencia, esta tiene que ser *posible de replicarse*, para descartar errores de mediciones, percepciones inadecuadas del investigador, etc.

Las *proposiciones básicas de existencia* son para Popper, proposiciones que se pueden someter a falsación, son proposiciones especificadas de existencia —hablan de la existencia de algo--, por lo que estas proposiciones no se pueden deducir directamente de las teorías que están constituidas por proposiciones universales abstractas (no son en referencia a existencia de algo concreto en el mundo). Esto es, sin "condiciones iniciales" de especificación existencial, estas proposiciones universales no son susceptibles de ser sometidas a pruebas empíricas que son naturalmente acerca de la existencia de algo concreto y de su comportamiento. Nada de la naturaleza de una proposición de observación (existencial) se puede deducir de una teoría sin 'condiciones iniciales' de referencia existencial. De manera que para poderlas deducir de la teoría abstracta, se requieren ciertas condiciones y pasos lógicos, cuyos detalles técnicos se pueden encontrar en la referencia: Popper (1935, 5, 27-28).

Popper (1935. 3, 15) distingue dos tipos de proposiciones existenciales: ***proposiciones predictivas de tipo universal*** *y proposiciones predictivas existenciales concretas* (ambos tipos son de referencia existencial), y analiza sus relaciones y las posibilidades de ser falseadas, este análisis es bastante técnico y complejo, y no es objeto de este trabajo; solo menciono que estas proposiciones predictivas existenciales de tipo universal están abiertas a posibilidad de pruebas, y no son naturalmente proposiciones universales estrictas sin especificaciones de existencia, como las del núcleo de las teorías, sino que contienen nombres que se usan en forma genérica, como términos universales: cisne, cuervo (ej., 'todos los cuervos son negros'); en cambio las proposiciones predictivas existenciales concretas, usan nombres –cisnes, cuervos-- con referencia específica a su existencia (ej., hay cuervos negros). Las pruebas empíricas que se realicen para ambos tipos de enunciados, no están restringidos por la dimensión espacio-temporal (por ejemplo, aquí y ahora), por lo que los enunciados existenciales --referentes a casos concretos que ocurran-- solo se pueden corroborar, pero no falsear, ya que pueden existir en algún otro lugar del mundo, en el presente, pasado o futuro; por el contrario, los enunciados universales existenciales de ocurrencia, solo se pueden falsificar, nunca corroborar, porque puede darse siempre el caso de que sea falso en otra experiencia (similar al problema de la inducción). Lo que es importante recalcar, es que Popper afirma muy rotundamente, que toda prueba a que se someta una teoría para detectar su posible falsedad, debe plantearse antes que se realice esta prueba, y con este objetivo – falsación--, claramente establecido, para evitar acomodos de los resultados y de la teoría misma sometida a prueba, y así esquivar el ser falseada.

Popper (1935, 2 pp. 28) advierte que en las ciencias empíricas no se puede lograr una prueba definitiva de falsación, si nos basamos en las reacciones subjetivas de sus intérpretes, porque se puede argumentar que, o la prueba no es confiable, o que la incongruencia de sus resultados con la teoría que se intenta falsear son solo aparentes y que desaparecerán con el avance de nuestro entendimiento. Para evitar este camino, Popper recomienda seguir *reglas metodológicas* --que se establecen en forma convencional--, para asegurar la realización de la prueba de falsación, entre estas numerosas reglas se encuentran, el 'principio de causalidad' (si la prueba es consistente con las leyes causales establecidas en la teoría que se somete a prueba); y, objetividad (se aceptan solo proposiciones que son factibles de pruebas inter-subjetivas (consensuadas), replicables.

El proceso de falsación se debe realizar cuidadosamente, pieza por pieza, y consciente de los errores metodológicos que puedan alterar los resultados de la prueba. Si una teoría resiste los esfuerzos auténticos por falsearla, queda 'corroborada', pero siempre está abierta a una eventual falsación. De esta manera, *la* **falsación** *de las proposiciones científicas, se transforma en* **un criterio de demarcación** *de lo que es ciencia, de lo que no lo es.* Este criterio se diferencia de la verificación positivista en que esta determina la verdad o la probable verdad, de los enunciados científicos, y descarta como carente de significado alguno, todo enunciado no verificado. En cambio para Popper, las teorías no falseadas tienen su valor, tienen significado, no se califican automáticamente como un sin sentido, y algunas de ellas pueden llegar a ser consideradas científicas si sus enunciados llegan a ser susceptibles de falsación. Esto significa que la falsabilidad no declara una teoría como completamente falsa o sin sentido, sino que simplemente como no--corroborada por la confrontación empírica (observación/experimento); esta confrontación viene a ser −dice Popper--, como la selección natural que filtra la teoría mejor ajustada a la solución de los problemas que se enfrentan.

Es importante señalar que Popper no solo habló de la falsación empírica −constatación de hecho--, también en la falsación se refirió muy importantemente a los aspectos lógicos de la teoría que contradicen posibles afirmaciones de carácter empírico, de sucesos lógicamente observables, aunque sea imposible hacerlo prácticamente. Esto indica que para una prueba de falsación, basta una corroboración concebible, no necesariamente de hecho. Esta versión lógica de pruebas factibles pero no posibles de realizar, es una posición mucho más débil que la versión de pruebas realizables. (Hansson, SO., 2014) Esta aceptación de pruebas factibles lógicamente, pero no realizables prácticamente, deja muchas hipótesis sin ser sometidas a la posibilidad de falsación empírica; habría que agregar además, que esta salvedad se presta al sustento de propuestas especulativas (lógicas o matemáticas) que dañan la credibilidad y el progreso de la ciencia; en todo caso, para nuestro autor, en última instancia, la prueba realizable, es de mayor peso epistemológico.

Popper sostiene que *las teorías científicas son abstractas y universales*, y solo se pueden probar indirectamente por sus implicaciones. (Popper, K., 1963) Las teorías son un conglomerado de leyes naturales que nos permiten entender los fenómenos estudiados, y desde las cuales se desprenden posibilidades de estudio y de investigación para explorar sus consecuencias; las leyes son propias de las ciencias de la naturaleza, --básicamente las leyes físicas. La física es la ciencia por excelencia para Popper, y es la ciencia en que mejor se puede aplicar el procedimiento lógico empleado por este autor, puesto que otras disciplinas científicas, como las ciencias sociales o históricas no tienen leyes según Popper, sino solo tendencias y regularidades de conducta; en este tipo de ciencias se necesitan más hipótesis auxiliares para realizar las pruebas de falsación, que de acuerdo a este autor deben facilitar, o mejor aún aumentar la posibilidad de falsación, no disminuirla o impedirla.

Para Popper, la *construcción de teorías* no es en base a la "observación pura", ni a la inducción, puesto que la observación es selectiva e impregnada de teorías que están presentes a distintos niveles de la observación (incluyendo aspectos técnicos, metodológicos, interpretativos, y también variados supuestos (distintas disciplinas científicas tienen más o menos supuestos de carácter metafísico); y en lo que se refiere a la inducción – como ya hemos visto--, este método está siempre abierto a una experiencia que la falsea. Las teorías de acuerdo a Popper, se construyen de diversas maneras, dependiendo de muchos factores, biografía, interés personal, intuición, imaginación creativa, problemas a solucionar, etc.; las teorías no se construyen primariamente a partir de las observaciones. (Thornton, S., 2013) Para Popper no existen entonces, los hechos observacionales puros, todos están condicionados por teorías (de los instrumentos utilizados, metodológicas y otras), incluyendo naturalmente la teoría que se está probando, de la que se desprende la observación dirigida mediante un proceso deductivo; de modo que la constatación 'empírica', se refiere fundamentalmente a la consistencia que estos resultados de las pruebas, muestren con otras experiencias y otros aspectos relevantes de la teoría sometida a prueba.

La revisión del complejo análisis de una teoría (constituida por proposiciones universales), con respecto a sus aspectos lógicos –incluyendo los axiomas que para Popper son convenciones o hipótesis científicas o empíricas--, y los elementos empíricos que contenga la teoría, escapan al propósito de este trabajo. Es interesante notar que los **contenidos empíricos** de una teoría tienen que expresarse usando conceptos universales, lo que obviamente no es tarea sencilla; y por otro lado, tenemos muchos términos universales sin definición (sin connotación empírica); no es necesario puntualizar que esta es un área compleja y no ajena a la controversia. Es importante destacar sin embargo, que los aspectos empíricos que contenga una teoría, aumentan su poder predictivo y el riesgo de ser falseada, que es fundamental para el criterio de demarcación de Popper, y también son útiles para calificar el progreso del conocimiento científico que se mueve por la falsación constante en el proceso científico. Entre más información empírica contenga una teoría, es más susceptible de ser falseada. También es importante recalcar que la experiencia, no genera ni determina una teoría, solo la limita: mostrando si es falsa, en caso contrario, la *corrobora*; al menos, transitoriamente hasta que se falsee o se reemplace por otra teoría; sin embargo no siempre una prueba fallida, falsifica una teoría en su totalidad, solo falsea aquellas áreas lógicamente relacionadas a la prueba (frecuentemente a alguno de los axiomas que la constituyen). Para Popper es más importante la generación o construcción de las teorías que los hechos observacionales, ya que las teorías otorgan 'entendimiento' a lo que se estudia, y posibilitan la solución de problemas.

Popper describe la filosofía de la falsabilidad como *"racionalismo crítico"* (en contrate al pensamiento dogmático como el empirista lógico), y este racionalismo se puede aplicar a todo conocimiento, no solo al científico, puesto que este método racional permite encontrar y eliminar contradicciones en el conocimiento, sin recurrir a medidas *ad-hoc*. Popper se centra primariamente en el problema de la demarcación de la ciencia. La meta del racionalismo crítico no es sembrar la duda, sino que garantizar el escrutinio adecuado de toda teoría, que no se debe tomar como meramente justificada y aceptada (dogmatismo). Se puede decir que Popper es anti-justificacionista; para él, no hay tal cosa, como razones buenas y positivas para bendecir una teoría como justificada; en buenas cuentas, Popper viene a ser una especie de agnóstico del conocimiento absoluto, al menos del conocimiento empírico, no de la lógica, ni de la matemática en su forma abstracta, no aplicada empíricamente, en cuyo caso se torna falseable.

Cuando una prueba empírica no falsea una teoría, Popper habla de **corroboración de una teoría**. Ya hemos señalado que esta corroboración no es una demostración definitiva de la verdad de la teoría, se trata solo de su sobrevivencia frente a una falsación fallida, y queda siempre abierta a posible falsación futura. Popper (1935; 84-85) explica que: "Solo podemos decir [la teoría] es *corroborada con respecto a un sistema de proposiciones básicas* – un sistema aceptado en un punto particular de tiempo". Este sistema de proposiciones está relacionado a otras proposiciones, y es variable, por lo que: "La corroboración no es por tanto, un 'valor de verdad'; esto es, no puede ser colocado a la par con los conceptos de "verdadero" y "falso" (los que están libres de condiciones temporales". En otras palabras, las proposiciones científicas corroboradas no tienen un carácter de verdad, puesto que están amarradas a sus relaciones y condicionamientos con otras proposiciones, a su vez relacionadas con otras, y están condenadas a permanecer tentativas por siempre, o ser falseadas eventualmente en algún momento futuro.

Desde esta perspectiva de la constante falsabilidad de las teorías y de la imposibilidad de declarar las teorías corroboradas como conocimiento verdadero, nos encontramos, según palabras de Popper, con que: "La ciencia no es un sistema de proposiciones ciertas o bien establecidas; ni es un sistema que avanza hacia un estado de finalidad. Nuestra ciencia no es conocimiento (episte— me--): nunca puede afirmar haber logrado la verdad, ni aún sustitutos para ella, tal como, probabilidad. *No sabemos, solo podemos suponer.* (Popper, 1935; 85)

Pero *la falsabilidad no define la ciencia, sino que la separa de otros conocimientos.* La ciencia de acuerdo a Popper se puede definir de distintas maneras; *básicamente la ciencia es una actividad de los seres humanos como cualquier otra, realizada para resolver problemas, y por tanto, no tiene una metodología única, ni especifica.* (Wikipedia: K. Popper) La ciencia no es una empresa para lograr conocimientos, sino un proceso evolutivo de conjeturas para resolver problemas. Pero Popper (1935; 85) nos dice que a pesar de que la ciencia no nos entrega un conocimiento absolutamente cierto: "...no es su *posesión* de conocimiento de irrefutable verdad, lo que hace al hombre de ciencia, sino su persistente e inquieta búsqueda de la verdad." En buenas cuentas, lo que mueve la ciencia no es más que un deseo humano de conocer la verdad, que desde el punto de vista lógico es imposible de alcanzar. La ciencia solo nos va llevando al descubrimiento de nuevos problemas generales, y sometiendo nuestros intentos por resolverlos, a renovadas y más rigurosas pruebas.

Popper (1935; 84) en una nota explica que en un encuentro con Alfred Tarski comprendió su 'teoría de la verdad' en los lenguajes formalizados, como un gran avance para la lógica y el avance de la idea de 'verdad'. El problema de la verdad como *correspondencia con los hechos* tropieza con el problema que esta correspondencia no puede ser de similitud estructural (entre la estructura lógica de las proposiciones científicas y las estructuras de los hechos empíricos), pero Tarski resolvió este dilema lógico mediante el uso de un metalenguaje semántico, con lo que reduce la idea de correspondencia, a "satisfacción" o "realización". Popper escribe: "como resultado de esta enseñanza de Tarski, ya no dudo más en hablar de "verdad" y "falsedad." Y como lo ven todos (al menos que sea pragmatista), mi visión viene a ser consistente con la teoría de la verdad absoluta de Tarski."

Con esta conversión Popper reconoce que la ciencia en su curso va acumulando un saber: *progreso*. Porque con este constante falseamiento de teorías, se van enfrentando nuevas posibilidades para la actividad científica, lo que significa una expansión del conocimiento del mundo, lo describe en forma más completa; las nuevas teorías – nuevas conjeturas--, van ganando un *grado mayor de 'verdad'*, de lo que nos rodea. En el curso de la historia de la ciencia, las teorías se van enriqueciendo, van incorporando información (mayor referencia a contenidos empíricos), lo que las hace más fáciles de ser probadas (expuestas a falsación), y mejora además su poder predictivo. Para Popper es claro que las teorías tienen un precedente histórico de teorías falsas, y la teoría actual que se tenga sobre algún objeto de estudio, puede terminar siendo falsa también; sin embargo, Popper va a sostener que una teoría falsa puede estar más cercana a la verdad que otra también falsa. Esta teoría más cercana a la verdad, es más *verosímil* que las anteriores, con esto

Popper introduce el ***problema de la verosimilitud***, y toca el problema del progreso *de la ciencia*.

La 'cercanía' a la verdad de una teoría, no es lo mismo que su 'probabilidad' de ser verdad (ser corroborada); la probabilidad de una teoría de ser corroborada es independiente de su mayor o menor falsedad. Popper ofreció un criterio para ponderar la verosimilitud relativa, comparando la verdad y la falsedad de una teoría actual –todavía no falseada--, con la teoría que la precedió y fue descartada por falsa. Popper distinguió aspectos teóricos y observacionales verdaderos, y aspectos falsos en las teorías; de este modo, la verisimilitud de la teoría dependerá de la cantidad de afirmaciones verdaderas y afirmaciones falsas que contenga; de la comparación de estas dos teorías y de su análisis, el autor desprende que una (supuestamente la actual) es más verosímil que la otra, esto es, más cercana a la verdad (Graham O., 2014. Thornton S. 2013). Popper (1963. Citado por Thornton S. 2013) escribe: "Básicamente, la idea de verosimilitud es más importante en los casos en que tenemos que trabajar con teorías que son las *mejores* aproximaciones –esto es, teorías que sabemos que no pueden ser verdad. (Este es a menudo el caso de las ciencias sociales). En estos casos podemos todavía hablar de aproximaciones a la verdad, mejores o peores (y de este modo no necesitamos interpretar estos casos en sentido instrumentalista [con solo sentido pragmático])."

Sin embargo, pocos años después, se mostró que esta definición de Popper, con análisis de los aspectos verdaderos y falsos de las teorías que se comparan, no era correcta, de modo que su criterio de verisimilitud no se podía aceptar. Con este desarrollo, se abrió una senda de estudios y debates acerca de la verisimilitud y el progreso de la ciencia; pero no se ha alcanzado entre los estudiosos de Popper y del progreso de las ciencias, un acuerdo definitivo de un criterio para medir el grado de verdad de una buena teoría y poderla comparar con las teorías superadas, o con teorías competitivas. (Filosofía de la Ciencia y epistemología (2012); Thornton S. 2013) Además, Lakatos señaló un problema en Popper con la admisión de la verisimilitud; por un lado el hacer ciencia consiste en generar predicciones falsables y acoger las teorías corroboradas, pero por el otro lado, la meta de la ciencia consiste en desarrollar teorías verosímiles – cercanas a la verdad del mundo independiente de la mente --objetiva. Pero Popper no da ninguna razón para suponer que la actividad científica con las falsaciones, nos dará la meta del conocimiento verosímil, puesto que una teoría puede ser falseada, corroborada, resolver problemas y no ser verdadera. La solución que le dieron estos filósofos a esta dificultad, es usar un principio metafísico: una teoría altamente falseable que resulta bien corroborada, es muy probablemente verdadera; lo interesante de esta solución es que implica una caída en la inducción (corroboraciones repetidas), que Popper había rechazado por razones lógicas. Musgrave A & Pigden, C. (2016) señalan que este mismo problema de caer en la inducción se le puede aplicar a la concepción de Lakatos de la dinámica de la ciencia y el progreso – 'conocimiento'--, de la ciencia; esta situación indica que la inducción no es fácil de eliminar, si se quiere hablar de progreso del conocimiento y del acercamiento a la verdad objetiva en ciencia.

Creo que para finalizar esta breve exposición de la falsabilidad de Popper, resulta significativo e importante citar al autor mismo acerca de su propuesta: "El problema que traté de resolver al proponer el criterio de falsación, no fue un problema de sentido o significancia, ni un problema de verdad o de aceptabilidad. Fue el problema de trazar una línea (tan bien como esto se pueda hacer) entre las proposiciones, o sistemas de proposiciones, de las ciencias empíricas, y todas las otras proposiciones – sean religiosas o de carácter metafísico, o simplemente pseudo—científica. Años más tarde –debe haber sido en 1928 o 1929--, llamé a este primer problema mío, el *problema de demarcación.*" (Popper, 1963 (a), p. 6)

BIBLIOGRAFÍA:

Filosofía de la Ciencia y epistemología (2012). *El criterio de verosimilitud de Karl Popper.* http://epistemicos.blogspot.com/2012/01/el-criterio-de-verosimilitud-de-karl.html (Accedido en Agosto del 2016.)

Hansson, Sven Ove (2014). *Science and Pseudo-science.* Stanford Encyclopedia of Philosophy. http://plato.stanford.edu/entries/pseudo-science/ (Accedido en Agosto del 2016).

Musgrave, A. & Pigden, C. (2016). Imre Lakatos. Stanford Encyclopedia of Philosophy. http://plato.stanford.edu/entries/lakatos/ (Accedido en Septiembre del 2016)

Persson, Ulf, (2015). *Is Falsification Falsifiable?* Springer Science http://link.springer.com/article/10.1007/s10699-015-9420-4

Popper, Karl (1963). *Conjectures and refutations. The growth of scientific knowledge.* London. Routledge.

Popper, Karl (1963 (a)). *Science as Falsification.* The following excerpt was originally published in *Conjectures and Refutations* (1963) http://faculty.washington.edu/lynnhank/Popper-1.pdf (Accedido en Agosto del 2016)

Popper, Karl (1935). *The Logic of Scientific Discovery.* Routdledge. London and New York 1992 (1st edition). This edition published in the Taylor & Francis e-Library, 2005.

Thornton, Stephen, (2013). *Karl Popper.* Stanford Encyclopedia of Philosophy.

http://plato.stanford.edu/entries/popper/ (Accedido en Agosto del 2016)

Wikipedia (2016). The free Encyclopidia. *Karl Popper.* https://en.wikipedia.org/wiki/Karl_Popper (Accedida: Agosto del 2016)

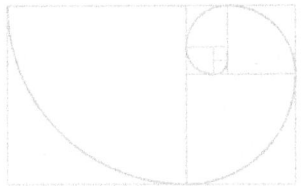

Capítulo IV
Críticas al criterio de falsabilidad de Popper.
Demarcación en crisis.

Críticas al criterio de falsabilidad. El procedimiento de demarcación propuesto por Karl Popper (n1902-m1994) (1963; 1963 (a); 1980) enfrenta numerosas dificultades prácticas y teóricas; sus críticos han señalado diversas limitaciones que disminuyen, si no invalidan su utilidad como criterio de demarcación de la ciencia, particularmente cuando consideramos ciencias no-duras, como sociología, economías, etc. No es el propósito de este trabajo analizar los pormenores de la extensa y compleja polémica que ha seguido a estas críticas, pero mencionaremos algunas para ilustrar el carácter y proyecciones de las limitaciones señaladas al criterio de Popper.

Una de las críticas a la falsabilidad muestra que muchas teorías son inmunes a la falsación; o, si resultan falsas en una prueba, no lo son en conjunto con otras teorías componentes de una teoría más amplia que las abarca. Además, se ha observado que las teorías se hacen – desarrollan--, inmunidad a la falsación en el curso de las investigaciones; particularmente porque la ciencia se desarrolla dentro de paradigmas, y los paradigmas no ofrecen soluciones completas ni perfectas para todos los problemas que estudia, y pueden sobrevivir con falsaciones. Popper señaló que evitar conscientemente caer en este desarrollo de inmunidad, resulta una medida claramente artificial e impositiva, puesto que para ello se necesita utilizar teorías accesorias *ad hoc*, o reinterpretar la teoría para evitar su falsación, como sucedió –de acuerdo a este autor--, con la teoría marxista científica de la historia; sin embargo, como veremos más adelante, estas teorías accesorias no son consideradas por todos los filósofos de la ciencia –ni por los científicos mismos--, como una perversión de los procedimientos científicos. Por otra parte, se ha criticado este criterio de falsabilidad como inespecífico y no necesario, porque permite considerar como científicas, doctrinas de la pseudociencia que son falseable; la astrología por ejemplo, tiene proposiciones que son falseables y no deja de considerarse como pseudociencia; por su parte, el psicoanálisis ha perdido su prestigio, no porque sea inmune a las pruebas de falsación, sino porque sus predicamentos son incorrectos, derivados de una doctrina psicológica cuestionable y reduccionista; esto no quiere decir que muchas de sus observaciones clínicas no tengan valor.

Con estas limitaciones, imponer aplicación de este criterio de demarcación en forma dogmática, puede generar problemas en el curso normal de una actividad científica productiva. Si se decide aplicar el falsabilismo a pesar de sus limitaciones, debe hacerse muy cuidadosamente y justificar su aplicación, lo que requiere de diversos análisis y consideraciones de tipo lógico y metodológico; esta es una tarea compleja que relativiza y limita el uso de este criterio de demarcación, y torna su efectividad engorrosa y controversial. En este sentido es necesario señalar que la codificación en términos lógicos de las propuestas de investigación, para realizar las operaciones requeridas por la falsación, no son fáciles de realizar, no siguen un curso claramente determinado, con lo que se entra fácilmente en controversias sobre la codificación. Complican más este proceso, el hecho que muchas investigaciones se realizan, no con un carácter claramente predictivo que permita resultados binarios –que corroboren o falseen la teoría--, sino que son más bien exploratorios o interpretativos de hechos que no desafían el estatus de la teoría, considerados necesarios según el estado de conocimiento en el que se desarrolla la investigación. (Hansson, SO. 2006; Persson, U., 2015)

Una crítica a este criterio de demarcación de Popper que resta o disminuye su carácter objetivo con que se presenta, surge de la concepción que tiene su autor de la observación. Para este filósofo –como hemos visto--, la observación no es pura, sino que está condicionada por la teoría que la sustenta. De manera que la constatación empírica para falsear una teoría, que tendría que depender de la 'verdad' objetiva de la observación, se ve entorpecida por el condicionamiento de la observación guiada por la teoría misma que se trata de evaluar, a lo que hay que agregar la presencia de otras teorías que explican y fundamentan las técnicas de observación/experimentación. La observación o la experimentación realizadas en las pruebas de falsación, no resultan 'objetivas', sino relativas a las teorías que apoyan estas operaciones. En otras palabras, el proceso de prueba de una teoría cae en el terreno de las convenciones o perspectivas teóricas (paradigmas) que tengan los investigadores de la teoría que se somete a prueba; no es posible una constatación plenamente 'objetiva' en base a la observación o experimentación empírica.

La objetividad de la prueba de una teoría se complica más aún con la tesis de **Duhem–Quine,** también llamada **Duhem–Quine problem**, en honor del científico y filósofo de las ciencias Pierre Duhem (n.1861-m.1916) y el filosofo Willard Van Orman Quine (n.1908-m.2000), que iniciaron los estudios que la apoyan. Duhem consideró esta tesis válida fundamentalmente para la física, pero Quine pensó que era aplicable a todo conocimiento confrontado con la experiencia empírica, incluso la matemática, y también, al menos la lógica clásica. Esta tesis de Duhem–Quine sostiene que una hipótesis científica aislada (y sus predicciones) no se puede someter a pruebas empíricas, porque para esto se necesita el supuesto de que una, o de un conjunto de hipótesis auxiliares correctas. Esto es así, porque, las hipótesis científicas –referentes al mundo real--, viven dentro de una vecindad de hipótesis, no siempre todas evidentes. De manera que cuando se somete a prueba una hipótesis, si no se consideran las hipótesis auxiliares los resultados pueden ser engañosos. Un ejemplo, puede ayudarnos a entender esta situación de hipótesis auxiliares. En un tiempo pasado se usó como un argumento opositor a la hipótesis/tesis del movimiento de la Tierra (se suponía tradicionalmente que esta estaba fija, en reposo), que si la Tierra se moviera, los pájaros sujetos en las ramas de los árboles saldrían disparados al soltarse; pero esto no ocurre, por tanto, la propuesta del movimiento de la Tierra, era falseado. En este ejemplo, no se consideraron hipótesis auxiliares, que posteriormente se descubrieron, básicamente la fuerza de gravedad y la mecánica clásica y relativista, que explican el por qué los pájaros vuelan sin salir despedidos con el movimiento del planeta. (WikiPedia. 1016 (a))

La necesidad de considerar hipótesis auxiliares en las pruebas y experimentos científicos, se puede ilustrar con el ejemplo del descubrimiento del planeta Neptuno; se notó que el movimiento orbital de Urano, no correspondía a los cálculos derivados de las leyes de Newton—la hipótesis/teoría central en juego--, pero no se falseó esta teoría con la observación de la órbita inesperada de Urano. Se postuló, en cambio, una teoría auxiliar: la presencia de otro planeta, que posteriormente se demostró correcta: descubrimiento de Neptuno. Con esta teoría auxiliar se preservó la teoría newtoniana, y se desarrolló la ciencia.

La necesidad de considerar teorías auxiliares en las pruebas de las teorías científicas plantea el problema que esta teorías auxiliares no siempre se conocen de antemano, más bien surgen frente a las observaciones y experimentaciones con resultados inesperados, o simplemente adversos a la corroboración de la teoría en cuestión. Por otra parte cuando se cuenta con hipótesis auxiliares conocidas, estas tampoco se pueden probar aisladamente, pues también son teorías que para probarse requieren un conjunto de teorías auxiliares. Esta situación de la necesidad de considerar hipótesis auxiliares en las pruebas de hipótesis/tesis científicas, y la imposibilidad de probarlas aisladamente, complica el criterio de falsación de Popper, lo contamina con la necesidad de considerar otras perspectivas teóricas. Y como ya hemos visto, las teorías no surgen directamente de la observación, hay que considerar otros factores, incluyendo la creatividad y la imaginación, con lo que entramos en el mundo de los paradigmas que revisaremos más adelante. Esta situación de no poder comprobar las hipótesis/teorías auxiliares independientemente, solo en conjunto, complica también a los científicos en general para sacar conclusiones de las pruebas; una solución que se ha planteado a este problema, es, que cuando se tienen razones adecuadas para aceptar los supuestos de trasfondo como verdaderos (evidencias colaterales), si la prueba empírica falla, se puede considerar la teoría en juego como falseada, pero no conclusivamente.

La necesidad de las hipótesis auxiliares se hace claramente evidente al intentar probar –someter a falsación--, una teoría mediante observación y experimentación empírica. Esto se comprende mejor cuando consideramos –como lo propone Popper--, que *las teorías son estructuras abstractas*, con proposiciones y conceptos universales; y que viven y se desarrollan en un espacio teórico en donde es posible aislarlas o relacionarlas con facilidad. De manera que cuando se derivan predicciones de las teorías abstractas que poseen carácter universal y están indefinidas (sin referencias de existencias), estas proposiciones deben ajustarse a proposiciones 'básicas" ganando correspondencia con elementos posiblemente existentes para ser susceptibles de comprobarse en el mundo de la realidad, y para estos efectos se necesitan algunas reglas convenientes, y también hipótesis auxiliares, que para ser aceptables para Popper, tienen que facilitar el proceso de falsación. Pero además de estas hipótesis, que preparan concretizando las predicciones para la prueba empírica, se necesitan las otras hipótesis auxiliares que ya hemos mencionado en los párrafos anteriores, para que den cuenta del trasfondo real en el que se realiza la falsación, ya que condicionan el resultado de la prueba; este tipo de hipótesis referentes al mundo en que se realizan las experiencias observacionales y las exploraciones pertinentes, le permite a la teoría en prueba, integrarse y desenvolverse en el complejo mundo concreto, que es mayormente desconocido.

Thornton (2013) explica que la posición final de Popper fue aceptar que es imposible demarcar la ciencia de la nociencia, solo en base a la falsabilidad de las predicciones formuladas, considerando únicamente para este proceso, las afirmaciones científicas acerca de hechos empíricos, derivados de la teoría estudiada. En otras palabras, Popper aceptó la necesidad y utilidad de la participación de las hipótesis auxiliares ya mencionadas. Para Popper entonces, el punto fundamental pasó a ser, determinar cuidadosamente si las hipótesis auxiliares y sus posibles modificaciones eran genuinamente una necesidad científica, o simplemente una maniobra *ad hoc* para salvar la teoría, en cuyo caso se trataría de una mera falsación de la teoría estudiada. Obviamente, este diagnóstico diferencial no es fácil de ser implementado en forma precisa. Esta postura final de Popper es tomada por muchos de sus críticos, como una indicación de la falla de la falsabilidad como criterio de demarcación.

El acercamiento de Popper al problema de la demarcación de la ciencia es sin duda interesante y atractivo por su aparente sencillez y practicidad; pero solo aparente, porque en su concepción de la estructura y organización de las teorías científicas, y en el proceso de deducción de proposiciones susceptibles de ser falseadas, el autor utiliza muchos conceptos y análisis lógicos, y también adopta convenciones metodológicas que considera necesarias, que tornan difícil y complejo el proceso de falsación. Esta apariencia de sencillez y eficacia, le ha traído considerable atención y popularidad, así como también variados tipos de críticas, cuyos detalles no corresponden al propósito de este artículo. Sin embargo, es importante puntualizar que los análisis y reflexiones que han realizado sus críticos, muestran numerosos problemas en la aplicación y utilidad del criterio de Popper, principalmente por las dificultades que se presentan en la implementación de la lógica envuelta en el proceso de falsación, pero más que nada y, sobre todo, por la dinámica real de las teorías en la actividad científica que no se ajusta a la nítida concepción de Popper. También se debe decir que con el curso de los años, y de las críticas, Popper suavizó el proceso de falsación, agregando cierta elasticidad y elección, en la decisión del abandono de la teoría falseada, según sea la conveniencia científica del momento. A pesar de las críticas, se puede afirmar que este criterio de demarcación puede constituir una buena ayuda para deslindar la ciencia, de las pseudociencias que no están abiertas a falsación alguna.

Thomas Kuhn (n.1922-m.1996) (1962, 1974) no aceptó el criterio de demarcación de Popper; y puntualizó que la historia del desarrollo científico no se parece en nada al estereotipo metodológico de falsación por comparación directa con la naturaleza. Este conocido filósofo de las ciencias postuló en cambio, que la actividad científica se realiza dentro de un sistema de ideas y supuestos mantenido por la comunidad de científicos practicantes – fuerte componente socio-psicológico--; a esta perspectiva de la praxis científica la denominó *paradigma*. Un paradigma positivo durante el periodo de *actividad normal* de la ciencia, se caracteriza por ofrecer claridad en la conceptualización de las *interrogantes* (puzzles) que se plantea la ciencia, y poseer la capacidad teórica para resolverlos satisfactoriamente –puzzle-solvings--, (incluyendo ajustes de las teorías); se puede decir que la tarea de la investigación en este periodo, consiste en forzar la naturaleza en las redes del paradigma. Kuhn sostiene que ninguna teoría puede resolver todos los problemas que se le presentan en un tiempo dado, y es precisamente esta deficiencia e imperfección lo que define muchos problemas (puzles) que caracterizan la ciencia normal. Cuando un paradigma languidece y se entorpece el desarrollo normal de la ciencia, y ya no puede encajar la naturaleza en el paradigma –no se trata de una falsación, sino que de una *anomalía*--, se entra en un periodo crisis, de *cambio de paradigma*, caracterizado por gran creatividad y generación de nuevas teorías alternativas. Los nuevos paradigmas son para el autor, inconmensurables con los que le preceden, no tienen un mismo esqueleto lógico/racional, ni poseen una fuente común de ideas y de creencias que los conecte. (Kuhn, T. 1062)

Kuhn considera que las características de demarcación de las ciencias que ofrece Popper, se observan durante el periodo de cambio de paradigma, pero no son preeminentes durante el periodo de normalidad productiva de la ciencia, que son los más prolongados y caracterizan a la ciencia; por consecuencia, el criterio de Popper no se puede usar para identificar la empresa científica. De modo que para Kuhn, el periodo de normalidad pasa a constituir el criterio de demarcación de la ciencia; y de esta manera, la ciencia, ya no se define mediante operaciones lógicas de falsación, como en Popper, sino por el complejo efecto de la existencia de un paradigma, particularmente por su capacidad de resolver problemas (puzzle-solving) –problemas más bien rutinarios que no amenazan la estabilidad del paradigma;

cualquier investigación que se realice en un estado previo a la vigencia de un paradigma, no será considerado como actividad científica. Lo interesante y que se debe recalcar, es que las raíces de un paradigma contactan los aspectos psicosociales de la comunidad de participantes que lo albergan y desarrollan, particularmente acerca de, supuestos, hechos, métodos, etc. En otras palabras, el curso de la ciencia está en estrecha relación con la situación psicosocial en la que se encuentran los científicos.

La capacidad de deslindar la ciencia de la no-ciencia en este caso del paradigma de Kuhn es muy atenuada y muy dudosa, puesto que la misma racionalidad que sostienen a los paradigmas, se podría ver en otras actividades no científicas, incluso en una banda de criminales, como lo señaló el filósofo Paul Feyerabend, que se esfuerzan para solucionar las dificultades concretas que le plantean sus pillerías, y también pueden cambiar de estrategias y estilo de llevarlas a cabo --paradigma. (Hansson, SO., 2014)

Imre Lakatos (n.1922-m.1974) (1981), Tal vez el golpe más significativo y con más repercusión al criterio de demarcación de Popper, proviene del conocido e influyente filósofo de las ciencias, Imre Lakatos; simplemente este filósofo no aceptó la idea de Popper de que tengamos pruebas críticas para corroborar o falsear teorías. Para Lakatos una prueba negativa aislada, de una teoría firmemente asentada, no la elimina, ya sea porque los investigadores buscan las razones o los errores que puedan explican los resultados de la prueba; o porque modifican las teorías auxiliares que sirven para implementar las pruebas empíricas en la realidad; o porque, estas teorías son suficientemente fuertes en un programa de investigación fructífero, y toleran anomalías que pueden explicarse satisfactoriamente con teorías auxiliares. En suma, el centro teórico de un programa está defendido por numerosas hipótesis que lo conectan con la realidad y lo inmunizan de la falsación. Lakatos utilizó ejemplos de la teoría mecánica celeste para ilustrar este proceso de preservación de las teorías nucleares de su propuesta de proyecto de investigación; Newton no rechazaba sus teorías centrales, cuando la posición de los planetas con calzaban con sus predicciones, sino que revisaba y modificaba las teorías auxiliares --como la forma esférica de los planetas y la acción de la fuerza de gravedad--, para ajustar estas anomalías; de este modo perfeccionó su teoría de la mecánica celeste.

Lakatos concibe la actividad científica constituida por un conjunto –una secuencia--, de teorías que conforman un *"programa de investigación"*, en el que las teorías se van reemplazando para ofrecer predicciones nuevas que se confirman o se falsifican. Esto es, teorías con más apertura teórica y más contenidos empíricos susceptibles de ser sometidos a pruebas; esto constituye un programa progresivo (*falsacionismo racional*). Con el uso de este término de *progreso*, algunos críticos piensan que Lakatos reemplaza los conceptos de "verdadero" y "falso" (con implicación metafísica), pero otros expertos -- Musgrave, A & Pigden, C (2016)--, sostienen que este filósofo los admite y los justifica –tal como lo hizo Popper--, aceptando una brisa de inducción; el progreso racional se conjuga con el principio de inducción: la experiencia va confirmando lo verdadero.

El núcleo de este programa está constituido por teorías que a menudo no presentan consecuencias empíricas; en un programa fructífero bien constituido, los investigadores se resisten a abandonar estas teorías nucleares. El *criterio de falsación de Lakatos* es más benigno que el de Popper, ya no se aplica a teorías aisladas, sino que al programa de investigación, en cuanto este ya no genera teorías con capacidad de nuevas predicciones; esto significa, sin más contenido empírico, solo acomodan hechos conocidos, o sus predicciones son todas refutadas. A este criterio de demarcación lo denominó: *falsación sofisticada* (metodológica). Cuando esto ocurre, el sistema de teorías debe revisarse y cambiarse. Para Lakatos el marxismo es un programa (pretendido ser científico) que no ha producido "nunca" predicciones que se hayan confirmado, se ha ajustado a estas fallas con teorías *ad hoc*, tampoco confirmadas; consecuentemente el autor lo considera un programa estéril que se ha transformado en pseudociencia. Sin embargo, Lakatos pensaba también, que un programa obsoleto podía eventualmente recuperar su fertilidad, y muchos científicos no necesariamente abandonan en su práctica este tipo de programas decaídos; esta afirmación contradice el destino de eliminación que da el autor a los programas estériles. Este dilema lo consideran los estudiosos de Lakatos, como un problema no resuelto por el autor. (Coletto, R., 2011; Hansson, SO., 2014; Musgrave, A. & Pigden, C. 2016)

La historia de las ciencias muestra una dinámica competitiva de distintos programas de investigación, no se trata de solo un paradigma que domina el periodo normal de la ciencia, hasta que es reemplazado por otro, como en Kuhn; aunque también este autor habla de paradigmas competitivos. Los programas de investigación agotados son reemplazados por otros más progresivos. Lakatos usa una metodología primariamente lógica en este proceso, pero tiende a perder la dimensión socio-psicológica que destacó Kuhn. La posición de Lakatos es considerada intermedia entre Kuhn y Popper.

La concepción de la ciencia y de su demarcación en Lakatos es más flexible que en Popper, y depende mucho de la actitud y fe que tengan los científicos de sus teorías. El estatus científico de un programa depende fundamentalmente de su historia, no de su constitución lógica como en Popper; para este último, la historia es impredecible. En Lakatos todas las teorías nacen y mueren refutadas, no hay para él, conjeturas no refutadas a las que se allegan los científicos, en otras palabras se aleja de la falsación de las teorías como criterio de validez (corroboración) como lo propone Popper. De este modo en Lakatos no hay un criterio de demarcación definitivo y claro, las pseudociencias están a un extremo de un continuo, y en el otro la ciencia, dependiendo de la productividad del programa de investigación. La aplicación de su criterio viene a ser un asunto de grado, y este cambia según las épocas. De manera que la contribución de Lakatos al problema de la demarcación, aunque significativa para entender la dinámica del cambio de teorías, es elástica y no resulta, ni nítida ni conclusiva.

Es necesario mencionar también en este trabajo los filósofos que renuncian a establecer un criterio efectivo de demarcación de la ciencia con la no ciencia. Es frecuente citar al filósofo **Larry Laudan** (n.1941) (1983), quien en base al estudio y análisis de la historia de la ciencia, concluye que lo importante es determinar si una idea está bien fundamentada, o es heurísticamente fértil; pero también si es posible implementarse. En cambio, determinar si una idea –propuesta--, es o no científica, no es ni interesante, ni posible de ser tratada; porque de acuerdo al análisis histórico realizado por este autor, ningún criterio que se ha ofrecido para distinguir ciencia de la no-ciencia ha explicado la distinción: la heterogeneidad epistémica de la ciencia no conduce a un criterio único, nítido ni definitivo (unas teorías generan predicciones, otras no; algunas son confirmadas por inducción, otras no; algunas son puestas a pruebas otras no; etc.). Por consecuencia, Laudan considera que es perfectamente racional eliminar los términos pseudociencia y no-científico del vocabulario de la filosofía de la ciencia. La preocupación debe estar centrada en las credenciales empíricas y conceptuales de las afirmaciones acerca del mundo; "el estatus científico de estas afirmaciones es completamente irrelevante." Laudan *enfatiza los procedimientos empíricos, sobre las concepciones abstractas* —criterios de demarcación--, que se puedan elaborar de la actividad científica para caracterizar la verdadera ciencia; este autor simplemente rechaza el autoritarismo de una abstracción errada.

El otro filósofo que se debe mencionar con respecto a la ausencia de criterio de demarcación posible en ciencia es **Paul Feyerabend** (n.1924-m.1994) (1975; 1995) Feyerabend después de incursionar en diversos acercamientos filosóficos para entender la metodología de la ciencia --incluyendo el criterio de falsación de Popper, el empirismo y el realismo multimetodológico--, llega a una etapa en que, desilusionado con cualquier metodología para las ciencias, escribe el interesante y polémico libro Against Method (1975), en el que concluye que no hay reglas metodológicas útiles y sin excepción, que gobiernen el progreso de la ciencia y la adquisición de conocimiento; y propone, que la única norma que no coarta el desarrollo de la ciencia es: *cualquier cosa vale* (anything goes). Feyerabend es particularmente crítico del empirismo lógico y del racionalismo crítico de Popper, que imponen condiciones restrictivas al curso de la actividad científica asfixiando su desarrollo; sin embargo, es más benigno con la posición de Lakatos, porque considera que su propuesta sobre la metodología científica de los programas de investigación, contienen valores subyacentes acerca de lo que es buena ciencia o, porque su acercamiento encierra un anarquismo epistémico escondido. Feyerabend (1995) intenta liberar a la gente de la tiranía de conceptos filosóficos abstractos y confusos como "verdad", "realidad", "objetividad", y otros que él mismo había abanderado en el pasado: "democracia", "tradición", "verdad relativa". (Preston, J. 2012) Feyerabend al abandonar la metodología y atacar la razón como tiránica e imperialista, considera la ciencia como desperdigada e incompleta. El pensamiento filosófico de Feyerabend ha sido fuertemente criticado, y categorizado como relativista y anárquico, pero ha influido a varias corrientes filosóficas, y también a teóricos de la sociología, con sus ideas y perspectivas acerca del relativismo y del constructivismo.

Esta breve reseña de estos conocidos e importantes filósofos de las ciencias nos deja con la impresión que simplemente las ciencias no obedecen a un criterio racional, universal y atemporal, claro que las distinga de lo que no es conocimiento científico; pero no solo eso, sino también apuntan a que la actividad científica se rige en buena parte, por teorías que gozan de la fe y confianza de los científicos que las propugnan, que en el fondo de los movimientos científicos se encuentran paradigmas inconmensurables, e incluso que la actividad científica no es particularmente diferente de otras actividades humanas. La entusiasta empresa que buscaba confirmar el conocimiento científico como particular, racional y preciso --como el conocimiento por excelencia--, termina mostrando que las fronteras de las ciencias, se hacen difusas, especialmente cuando tocan otros saberes elaborados sistemáticamente y con espíritu crítico, en prosecución de un entendimiento de diversas aéreas y aspectos de la vida humana; como por ejemplo, la metafísica, la filosofía de las ciencias, la ética, la historia, etc. Pero concluir de esta infructuosa tarea, –como han hecho muchos--, que el conocimiento científico es tan válido como cualquiera otro, y que solo refleja el poder político-social del momento, o las particularidades psicológicas de sus proponentes, es una conclusión apresurada, para no decir irreflexiva, puesto que el conocimiento de la ciencia es evidentemente fructífero, sus aplicaciones tecnológicas han cambiado en pocos siglos las condiciones de la vida humana, algunas para su bien, y otras, por desgracia, para su mal.

No es sorpresa entonces que hayan continuado apareciendo criterios de demarcación, y se hayan continuado desplegando esfuerzos para lograr una descripción más adecuada y fidedigna de la actividad científica. (Pigliucci, M. & Boudry M., 2013) El impulso que mueve a muchos de estos intelectuales es su interés en recalcar la validez especial de estos conocimientos emanados de la actividad científica, su importancia política y social, pero ya no con las pretensiones de conseguir un criterio de demarcación preciso y válido para todas las ciencias. Estos criterios de demarcación toman una perspectiva más práctica y concreta, y tienden a considerar más elementos distintivos de la ciencia, como de lo que no es ciencia –particularmente de la pseudociencia en las que se concentra su esfuerzo--, con la esperanza de que la demarcación sea de este modo, más precisa y racional –aunque más acotada--, que los criterios de demarcación 'clásicos' de tipo lógico y metafísico. Estos filósofos tienden a limitarse a diversos tipos de actividad científica y a casos particulares de pseudociencia; se trata de una demarcación más especificada y con más índices a considerar, lo que aumentaría su confiabilidad. Estas nuevas tendencias tienden a incluir ciertas características de la actividad científica productiva como particularmente distintivas de la ciencia; en este sentido se señala la calidad teórica y soporte empírico de las teorías, y no se deja de lado la percepción intuitiva de los científicos mismos y de los filósofos de las ciencias de lo que es ciencia y lo que es pseudociencia, así como también se recomienda considerar las reacciones de otros sectores de la sociedad, particularmente por la implicación positiva o negativa que tiene la ciencia en los asuntos de la comunidad. También se han establecido normas para realizar una ciencia lo más objetivamente posible, protegida de contaminación ideológica y de aspiraciones torcidas, personales o sociopolíticas –incluyendo intereses económicos meramente mercantiles--, y encaminada al logro de una verdad consensuada ('universal') y abierta a revisión y crítica. Sin duda todos estos criterios ayudan a separar fácilmente la ciencia de la pseudociencia, particularmente, si consideramos en esta categoría, los saberes populares plagados de supersticiones, las doctrinas semi-mitológicas como la astrología, las aplicaciones de una fe religiosa a situaciones susceptibles de ser entendidas y manejadas en forma empírico-racional (al menos en un primer nivel de entendimiento), y otras doctrinas y prácticas similares que se presentan en forma competitiva frente a la ciencia con pretensiones de validez, y sin critica ni revisión alguna.

En esta tarea de deslinde de la ciencia con la pseudociencia propiamente tal, coinciden los filósofos ocupados en este tema; no hay aquí controversia verdaderamente. Pero el asunto se complica cuando nos enfrentamos con otros conocimientos sistematizados y críticos no-científicos; aquí, en este terreno de los saberes humanos sistematizados, ya no resulta tan sencilla y clara la demarcación del conocimiento científico de lo que no es ciencia, como un saber único en calidad, y de confianza; la ciencia no goza de un privilegio epistemológico especial, sino más bien la ciencia sigue una epistemología multifactorial asentada cuidadosamente en las experiencias empíricas, que no es radicalmente diferente a la de otros saberes y actividades no-científicas (historiadores, periodistas, detectives, etc.). Además, en esta frontera de la ciencia con los saberes sistematizados, se hacen patentes que ambas variaciones del conocimiento humano —científico y no-científico--, requieren y cuentan con variados supuestos y diversas perspectivas psico-culturales.

Los nuevos impulsos de demarcación concreta de la ciencia, van dirigidos fundamentalmente a la pseudociencia, ya no se consideran degradados los saberes realizados sistemáticamente y abiertos a la evaluación y a la crítica, como es el caso de la filosofía -- incluyendo la filosofía de las ciencias--; de no ser así, se caería en la paralizante paradoja de que la filosofía analiza el conocimiento científico, y pretende ofrecer criterios de validez, siendo ella misma un conocimiento débil, estimado como de segunda clase.

BIBLIOGRAFÍA:

Coletto, Renato (2011). *Science and non-science: the search for a demarcation criterion in the 20th century.* http://cfcul.fc.ul.pt/calendario/arquivo/docs/sciencenscience.pdf (Accedido en Agosto del 2016)

Feyerabend, Paul (1975). *Against Method.* London New Left Books.

Feyerabend, Paul (1995). *Killing Time: The autobiography of Paul Feyeraband.* University of Chicago Press.

Hansson, Sven Ove (2006). *Falsificacionism Falsified.* Springer.

Hansson, Sven Ove (2014). *Science and Pseudo-science.* Stanford Encyclopedia of Philosophy. http://plato.stanford.edu/entries/pseudo-science/ (Accedido en Agosto del 2016).

Kuhn, Thomas S., (1962). *The Structure of Scientific Revolutions.* University of Chicago Press

Kuhn, Thomas S., (1974). *The Logic of Discovery or Psychology of Research.* In: Shilpp PA.: The philosophy of Karl Popper. The Library of Living Philosophers. La sale: Open Court.

Lakatos, Imre, (1981). *Science and pseudoscience. In: Conceptions of Inquiry: A reader.* London. Methuen.

Laudan, Larry, (1983). *"The Demise of the Demarcation Problem."* En: Physics, Philosophy and Psychoanalysis. Assays in honor of Adolf Grumbaum.

https://books.google.com/books?id=AEvprSJzv2MC&lpg=PP1&dq=isbn:9027715335&pg=PA111&hl=en#v=onepage&q&f=false (Accedido en Agosto del 2016)

Musgrave, A. & Pigden, C. (2016). Imre Lakatos. Stanford Encyclopedia of Philosophy.
http://plato.stanford.edu/entries/lakatos/ (Accedido en Septiembre del 2016)

Persson, Ulf, (2015). *Is Falsification Falsifiable?* Springer Science http://link.springer.com/article/10.1007/s10699-015-9420-4

Pigliucci, Massimo & Boudry Maarten (2013), Philosophy of Pseudoscience. Reconsidering the the Demarcation Problem. The University of Chicago Press.

Popper, Karl (1963). *Conjectures and refutations. The growth of scientific knowledge*. London. Routledge.

Popper, Karl (1963 (a)). *Science as Falsification*. The following excerpt was originally published in *Conjectures and Refutations* (1963) http://faculty.washington.edu/lynnhank/Popper-1.pdf (Accedido en Agosto del 2016)

Popper, Karl (1980). *The Logic of Scientific Discovery*. Tiptree. The Anchor Press.

Preston, John. (2012). Paul Feyerabend. Stanford Encyclopedia of Philosophy.
http://plato.stanford.edu/entries/feyerabend/ (Accedido en Agosto del 2016)

Thornton, Stephen, (2013). *Karl Popper*. Stanford Encyclopedia of Philosophy.

http://plato.stanford.edu/entries/popper/ (Accedido en Agosto del 2016)

Wikipedia (2016 (a)). Duhe--Quine thesis
https://en.wikipedia.org/wiki/Duhem%E2%80%93Quine_thesis
(Accedido en Septiembre del 2016)

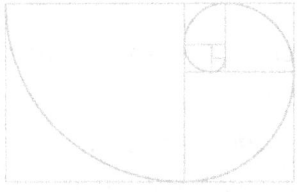

Capítulo V
Análisis de las críticas de la TDI como parte de la ciencia.

El estado de la demarcación de la ciencia.

La revisión de los criterios de demarcación para la ciencia desarrollados por los filósofos de las ciencias, nos muestra una gran variedad de normas y formulaciones, incluyendo distintos aspectos del proceso científico, y con distintos énfasis. Estos criterios varían de estrictas prescripciones como sería la formulación de la falsabilidad de Popper, hasta las categóricas opiniones de Laudan y Feyerabend que simplemente renuncian a la posibilidad de diseñar un criterio de demarcación nítido, consistente, sin contradicciones ni objeciones, y aplicable a toda ciencia. Además, en esta variedad de criterios se notan áreas de coincidencia que apuntan a una cierta independencia de los científicos para realizar sus actividades profesionales, con sus propias intuiciones, y sus creencias en las bondades de algunas teorías que consideran valiosas o necesarias para sus proyectos de investigación. Esta situación pareciera indicar que en buenas cuentas, el corazón de la actividad científica radica primariamente en lo que hacen los científicos en su afán por comprender y manejar la naturaleza; sus analistas y críticos desde la filosofía de las ciencias, se reducirían a intentar caracterizar esta actividad, de acuerdo a sus concepciones de racionalidad o, desde lo que simplemente consideran particularmente distintivo para acotar lo que entienden por ciencia. Estos intentos, que si bien es cierto son beneficiosos intelectualmente para entender mejor lo que ocurre en la actividad científica, no tienen en verdad un carácter normativo estricto para los científicos; al decir de Lakatos, se trata de una muestra de "apreciación" a lo que los científicos hacen, y —según este filósofo--, no tienen la intención de impartirles normas de cómo proceder. No resulta extraño entonces, que no haya sido posible lograr un criterio claro, consistente y definitivo de demarcación de la ciencia, ni que tampoco que se tenga una concepción uniforme y distintiva de lo que constituye la actividad científica, para distinguirla de los pseudocientíficos entusiastas e incautos.

Pero esta situación del problema de la demarcación y de la dificultad de caracterizar la actividad científica, no significa que cualquier cosa que realicen los científicos, o los supuestos científicos, es igualmente válida. Que no podamos lograr un criterio de demarcación absoluto, no elimina rasgos importantes que caracterizan la actividad de una buena ciencia. Naturalmente que lo primero que habría que recalcar en este sentido, son los atributos éticos, particularmente la honestidad, y también la generosidad, fundamentales para el mejor logro y beneficio de cualquier actividad humana; en este sentido, en ciencia hay que considerar, la transparencia de los trabajos, la exigencia de replicabilidad (aunque no siempre posible), la búsqueda del diálogo para lograr una evaluación consensuada, etc. Y esta dimensión ética no es un agregado trivial de pura buena voluntad; por desgracia, es tristemente frecuente constatar que numerosos trabajos científicos sucumben adulterados por las ambiciones académicas, y personales (vanidad, prestigio, poder, etc.), por los intereses económicos, o se distorsionan para satisfacer agendas ideológicas de variados tipos. Estas agendas ideológicas no solo pueden surgir en científicos aislados o pequeños grupos de ellos, sino que se pueden institucionalizar en centros académicos y de investigación –incluyendo los dependientes de agencias públicas--, coartando de este modo, la libertad de la actividad científica, tan necesaria para el desarrollo adecuado de la ciencia para seguir las evidencias hasta donde conduzcan, observando naturalmente las debidas las restricciones éticas; la actividad científica no tienen luz verde para infringir los derechos humanos básicos. Y en estas circunstancias distorsionantes, obviamente no tenemos buena ciencia.

En un terreno más específico epistemológicamente, y plenamente consciente que tenemos enfrente una gran variedad de disciplinas científicas con muy diversos objetos y propósitos de estudio, solo es posible aventurar rasgos que parecen prevalentes en la actividad realizada en nombre de la ciencia. En estos términos generales se puede decir que la actividad científica sistematizada se desarrolla en base a teorías generadas para entender y, fundamentalmente, para explorar objetiva y racionalmente diversos aspectos de la realidad, en un proceso dinámico de interacción con la observación (directa o indirecta) y con la experimentación pertinente del objeto que se estudia, en cuanto esta sea posible (el uso de modelos computacionales puede ser una alternativa); la replicabilidad de la observación y experimentación es particularmente importante, pero esta condición no es posible de cumplir en los estudios de fenómenos únicos y pasajeros. De este modo, las teorías científicas entregan un conocimiento siempre abierto a la complementación, a la crítica, y al cambio; además este conocimiento es ineludiblemente parcial, limitado por la perspectiva −selección del objeto y modalidad elegida para estudiarlo--, las posibilidades metodológicas y los supuestos que subyacen la investigación. El conocimiento científico a pesar de estas limitaciones se considera confiable, pero no es definitivo, ni tampoco constituye el único conocimiento para guiar la vida de los seres humanos. Me parece importante subrayar el aspecto empírico de esta cruda fórmula descriptiva de la actividad científica, que es esencial para evitar que la ciencia se deslice en especulaciones teóricas de lo que 'es posible', ya sea matemática o lógicamente, abandonando la confrontación con la realidad que se estudia; una desconexión que lleva fácilmente a la fantasía de la ciencia ficción, y que con frecuencia es alimentada por alguna ideología. Este fenómeno se ve en nuestros días, en forma particularmente notoria, en biología y en física cosmológica, como resultado de la invasora influencia de la ideología naturalista/materialista, que intenta evadir ciertas conclusiones científicas que le resultan incómodas o amenazantes.

Este bosquejo orienta en forma general lo que se entiende por ciencia en su práctica más frecuente del estudio de hechos presentes; sin embargo hay que considerar las investigaciones realizadas para reconstruir situaciones ocurridas en el pasado, a partir de estados actuales que requieren esa reconstrucción para un entendimiento más adecuado de ellos. Este capítulo se denomina Ciencias del Origen o Ciencias Históricas, en las que caen las teorías evolutivas —incluyendo la neodarwiniana--, y la TDI que intentan explicar el origen de la vida y su diversificación, y otras ciencias de carácter histórico, como la arqueología y la geología histórica. En este tipo de ciencias, obviamente no es posible la observación ni la experimentación directa del suceso pasado, y su posible recreación en un laboratorio moderno, tropieza no solo con las dificultades prácticas de realizarlo, sino también, y más importantemente, con que las condiciones iniciales en que ocurrió el suceso histórico estudiado, pueden no conocerse adecuadamente. En este tipo de ciencias las explicaciones causales, pueden ser leyes naturales, si el estado actual que se trata de entender cae claramente en un contexto en que las leyes naturales juegan un papel importante en su entendimiento; por ejemplo, si se busca la explicación histórica de hallazgos de algunos minerales y substancias químicas en un lugar particular, la explicación histórica podría tratarse de la erupción de un volcán, lo que se estudiaría siguiendo los conocimientos de la especialidad científica. Pero no sería lo mismo el estudio de un hallazgo arqueológico al que se busca su origen, ni del origen de la vida en los que las leyes naturales, aunque importantes, no juegan un papel determinante ni exclusivo en su explicación (en el origen de la vida estas leyes son incapaces de explicar la aparición de las estructuras teleológicas envueltas ineludiblemente en este suceso). En general, es más frecuente en las Ciencias Históricas no recurrir directamente a las leyes naturales para explicar causalmente un posible suceso ocurrido en el pasado, sino que más bien utilizar las condiciones precedentes y contextuales que lo hagan posible; además los agentes causales que se consideren pueden ser no solo las leyes naturales, lo que abre la ciencia a la frontera con la metafísica/teología, sin traspasarlas. No es el propósito de este bosquejo detallar la metodología y la lógica utilizada por las Ciencias del Origen, solo señalar –una vez más--, que en ciencia temernos una buena variedad de metodologías en la actividad científica que desafían los intentos de conseguir criterios de demarcación universales; los lectores interesados en este tema pueden recurrir a: Meyer S. (November 2005) y Ruiz F. (Julio, 2014), para más detalles y referencias biográficas.

El status de la Teoría del diseño inteligente en ciencia.

Tal como vimos en un apartado anterior, la TDI en biología, que es el área en que es más claramente se ejemplifica la propuesta de esta tesis, emerge en el seno mismo de la ciencia biológica (biología molecular/bioquímica). Se puede decir que el punto más claro en que se apoya la génesis de la TDI lo constituye la presencia de estructuras biológicas funcionales complejas de organización teleológica, incluyendo particularmente el ADN con la codificación de mensajes genéticos funcionales. El análisis de la configuración de las estructuras teleológicas revela la integración de diversas partes funcionales, para servir una meta común, que a su vez se integra con otras, para contribuir al desarrollo y vida del organismo. La TDI dirige su atención a estas configuraciones biológicas para entender su causa y justificar sus complejas funciones, más allá de las estrictas acciones bioquímicas que implementan las acciones de la organización funcional. En términos metodológicos clásicos, se pueden describir en la elaboración de la TDI, observaciones y experimentación a nivel bioquímico, que fundamentan la existencia de configuraciones biológicas de tipo teleológico. Luego un análisis perfectamente racional muestra que el único poder causal conocido en nuestro mundo actual, capaz de generar estructuras funcionales teleológicas es una acción inteligente: la mente humana, que está dotada de capacidad de fijar metas, posee conocimiento, discernimiento y capacidad de elección necesarias para generar estructuras funcionales dirigidas a metas imbricadas y coordinadas; esta es una conclusión claramente lógica y empírica. No se conocen otros poderes causales, como por ejemplo las leyes naturales en combinación con el azar, o la existencia de fuerzas de auto-organización de la materia, que muestren efectiva y evidentemente la capacidad de generar estas estructuras teleológicas. (Laufmann, S. July 10, 2015. Luski C. March 30, 2011) De esta teoría así elaborada, se desprende una hipótesis que se ofrece como la mejor explicación disponible para dar cuenta del funcionamiento coordinado de las estructuras teleológicas funcionales biológicas, y de su origen. Esta hipótesis está abierta a la competencia de hipótesis alternativas adecuadamente apoyadas por evidencias empíricas (no solo especulativamente posibles).

De la misma manera, aunque con más asombrosa notoriedad, la codificación de mensajes funcionales del ADN exige una causa inteligente para entender su estructuración y sentido, y su origen en la historia de los sucesos naturales. La TDI es una propuesta inferida de la observación de hechos revelados por la ciencia, y de su análisis causal, lógico, y empírico. Esta conclusión es ofrecida como la hipótesis con mayor poder explicativo para entender en forma consistente y coherente las asombrosas estructuras funcionales en biología.

La TDI no infringe las reglas generales que hemos señalado anteriormente para la actividad científica y la ciencia. Sus bases empíricas son firmes y su análisis causal es perfectamente adecuado para elaborar una hipótesis explicativa de los procesos biológicos mencionados. Tampoco encontramos inconvenientes desde los criterios de demarcación más conocidos. En este sentido es oportuno mencionar, por lo popular y manido, el criterio de falsación de Popper, recordando primero, que no es ni absoluto, ni preciso, ni tampoco necesario para sostener muchas hipótesis científicas. La TDI no propone una teoría inamovible –infalsable-- de acción inteligente en las estructuras biológicas teleológicas. Basta un experimento que cambie la organización teleológica de una estructura para probar si es o no, una organización funcional teleológica; si se altera la función, se corrobora la tesis; si no se interrumpe la función con este experimento y otros similares, la estructura se desecha como diseñada teleológicamente. La tesis del TDI se falsaría, si todos los experimentos realizados en las estructuras biológicas estudiadas interrumpen las funciones pertinentes, y esto no ha sucedido, y obviamente no sucederá en las investigaciones biológicas, porque la teleología funcional biológica es un hecho firmemente confirmado, e intuitivamente evidente para el complejo funcionamiento de las estructuras que hacen posible la vida. En lo que se refiere a la tesis misma de la TDI; esto es, a la acción inteligente como el poder causal de este tipo de organizaciones funcionales, la evidencia empírica que la apoya es contundente, pero permanece abierta a la refutación, a la falsación; en cuanto surja una hipótesis alternativa más explicativa y convincente, que repose firmemente en evidencias claras y demostrables, mostrando un poder causal capaz de generar estas estructuras; de este modo, la TDI sería falseada, o más bien reemplazada. (Behe, M., October 27, 2016)

La apertura de la TDI a otras posibles causas que expliquen las complejas configuraciones teleológicas en biología, tropieza con la paradójica dificultad que cualquier causa que pueda explicar estas configuraciones funcionales de tipo teleológico, tiene que poseer el poder causal de organización con dirección a una meta funcional –configuración que implica conocimiento y planificación: inteligencia--; no está de más recordar que estas estructuras son absolutamente numerosas en biología y, además, integradas coherente y eficientemente para el fin mayor de permitir el desarrollo, ajuste y reproducción de los organismos. Un poder causal con esta capacidad de organización de estructuras funcionales no puede dejar de poseer –en alguna forma--, inteligencia.

Como hemos mencionado, la TDI no solo nos ayuda a entender consistentemente la integración de las configuraciones funcionales biológicas, sino que también su origen, como explicamos en el primer apartado de esta serie de artículos. En este sentido, recordemos que las estructuras teleológicas observadas en biología, deben su origen actual, fundamentalmente a la carga genética del organismo, en interacción con otras estructuras funcionales de la célula(s); de modo que el origen histórico de estas estructuras se remonta al origen de la vida, para la que es inevitable la presencia de un ADN 'inicial', y de otras proteínas complejas necesarias para comenzar el proceso biológico de la cadena de la vida. Como ya hemos visto, la TDI postula, basándose en las observaciones y análisis mencionados, una acción inteligente para comprender adecuadamente las complejas acciones teleológicas de la biología actual; este es un proceso realizado en nuestra experiencia presente, que se proyecta a esas estructuras teleológicas 'iniciales' del comienzo de la vida, basándose en el *principio de uniformidad causal*, de manera que "el presente es la clave del pasado". Esta inferencia se ofrece en forma de hipótesis, como la mejor explicación disponible; los esfuerzos realizados apelando a las leyes naturales conocidas, aún con asistencia del azar, han sido infructuosos para dar cuenta de la génesis de las estructuras teleológicas 'iniciales', cargadas de información --funcional--, biológica, indispensables para iniciar la cadena de la vida. La propuesta de la TDI se ajusta consistentemente a la metodología de las ciencias históricas.

Críticas a la TDI como ciencia.

Son varias las críticas que se han levantado contra la TDI como una legítima tesis científica, me limitaré a las que me han parecido de más peso y a las que se oyen más a menudo; naturalmente estas críticas requieren un comentario. Lo primero que debo decir antes de examinarlas individualmente, es que muchas de estas censuras, están basadas en una comprensión distorsionada de las bases y de los análisis que sustentan la propuesta de la TDI, y de los límites con que se propone su hipótesis. Por esta situación, en esta corta revisión, reitero la información pertinente para corregir los malos entendidos que dan motivo y fuerza a las críticas; estoy consciente que incurro en algunas repeticiones, pero se realizan con el único fin de ajustar la visión de la TDI y disipar la aplicabilidad y validez de los argumentos usados por los críticos.

La Teoría del Diseño Inteligente no publica trabajos en revistas con 'revisión de pares'. Menciono superficialmente esta crítica, porque, algunos autores sostienen que es importante publicar los trabajos de investigación en revistas con 'revisión por pares' ('peer review') para asegurar, la calidad científica del trabajo, incluso estos autores, proponen que esta exigencia debiera ser un criterio de demarcación para la verdadera ciencia. Este mandato suena muy razonable, pero tropieza con dos problemas, uno de carácter teórico que se refiere a que una modalidad emergente diferente de hacer ciencia legítima puede no calzar con el paradigma predominante en ese momento. Y el otro problema, cercano al anterior, pero lo separo por tratarse del predominio de una ideología –materialista--, dogmática que impregna la ciencia y se opone por principio al poder causal de las acciones inteligentes. Este fenómeno se ve en forma patente en algunas revistas científicas, que están férreamente opuestas a posiciones contrarias a sus principios ideológicos, y rechazan los trabajos que consideran amenazantes a sus consignas de fondo. De modo que considerar este mandato, como un criterio de demarcación resulta patentemente inadecuado. Esta situación ocurre con frecuencia con los artículos relacionados a la TDI, considerada altamente peligrosa por la ideología materialista invasora; pero de hecho, los autores de la TDI publican en muchas revistas que no caen en estos prejuicios ideológicos distorsionantes del curso de la actividad científica. (Discovery Institute. Research, December 2015)

La TDI es una religión disfrazada de ciencia. En el primer apartado de esta serie de artículos, se describen las bases y análisis que fundamentan la TDI, y es claro que en ninguna parte hay referencia a religión alguna conocida, o por conocer. Su desarrollo teórico está sustentado en evidencias empíricas emanadas del trabajo científico en biología molecular y bioquímica. Pero también resulta claro que la hipótesis propuesta de *diseño biológico* implica una agencia inteligente responsable de esta característica de las estructuras estudiadas; en el jargón de este movimiento del DI, se habla a menudo de "diseñador" como esta 'agencia' responsable del diseño. Pero en rigor, la tesis misma, no permite ir más allá de proponer una acción inteligente responsable de las observaciones empíricas. Es efectivo que esta propuesta abre la posibilidad de elaboraciones de tipo religioso, y es posible que muchas personas, incluso proponentes de la TDI, identifiquen a este "diseñador" con el Dios de su religión, pero repitiendo, y en rigor, esto no es parte de la TDI. Es oportuno también recordar que cualquier fenómeno natural puede ser motivo para exploraciones de tipo religioso, pero estas no deben contaminar o distorsionar los estudios científicos que se realicen de la naturaleza y de sus componentes. La religión, la metafísica y la teología desde sus perspectivas y supuestos, pueden complementar los conocimientos aportados por la ciencia, sin este complemento los conocimientos científicos se encontrarían suspendidos en un vacío total, y esto es válido no solo para la situación de la TDI, sino que para toda ciencia que parte de lo observable, y dado.

La crítica de la TDI como una religión camuflada es alimentada, más por la ideología materialista que por aquellos que quieren proteger la indemnidad de la ciencia. Para el materialismo, hablar de Dios en relación a algo científico es simplemente anatema, puesto que esta ideología ha atenazado la concepción de ciencia, y la toma como un bastión para defender y dar crédito a su doctrina y a sus creencias. Repito, la TDI no habla de Dios, ni de dioses, ni es una religión, simplemente señala un hecho empírico que debe atenderse, y está abierta a la competencia de explicaciones alternativas adecuadamente fundamentadas para explicar el diseño: acción inteligente. Es efectivo que la TDI acerca –hace consciente--, en el campo de la ciencia, una apertura a lo que va más allá de lo meramente inmanente, pero no traspasa sus fronteras, ese es terreno de otras disciplina del saber y de las experiencias humanas.

Se ha usado la terminología "creacionismo ID" para catalogar la TDI como una pseudociencia que se defiende astutamente de la críticas que se le hacen, pero que en última instancia justifica su tesis con la afirmación: "Dios lo hizo, y sus caminos son misteriosos." (Boudry, M., 2013; 5, pp 94.) Lo primero que hay que puntualizar es que la TDI no es "Creacionismo", un movimiento que intenta explicar los fenómenos naturales, y su dinámica, en base a interpretaciones de los escritos bíblicos, y que la ciencia iría confirmando empíricamente. La TDI emerge y se sustenta a partir de la observación/experimentación científica, y su análisis causal está también apoyado en evidencias empíricas; no hay apelación alguna, ni a interpretaciones bíblicas, ni a intuiciones de carácter religioso. La propuesta de una acción inteligente –inferida de hechos empíricos--, para explicar algunos fenómenos biológicos es realizada en forma de hipótesis. Dios no es un factor que sustente la TDI, esta tesis no habla de milagros, sino que de hechos empíricos constatables en las experiencias habituales de los seres humanos, y saca consecuencias relevantes que se deben enfrentar como tales.

La Teoría del Diseño Inteligente es una tesis metafísica/teológica, no una tesis científica.
Como ya hemos indicado repetidamente, la TDI emerge en el seno mismo de la ciencia biológica, de los hechos mostrados y constatados por la ciencia. Su base observacional/experimental es empírica –y también teórica como es toda ciencia--, y el análisis causal de las configuraciones teleológicas funcionales que realiza,

también está sustentado por claras evidencias empíricas. Las conclusiones inferidas se proponen como la mejor explicación disponible para explicar el diseño biológico. La inteligencia envuelta en las configuraciones funcionales de las estructuras teleológicas complejas implica una agencia efectora –"diseñador"--, responsable de la acción inteligente. Pero con este término no se expresa la presencia de un 'ser' trascendente y divino conocido y responsable, sino que más bien se formula una pregunta, perfectamente lícita, frente a las conclusiones derivadas del proceso científico: ¿Cómo es esto posible? Una pregunta abierta a la reflexión realizada desde otras disciplinas: metafísica/teología, y también de la ciencia misma, que se afana para encontrar una respuesta desde sus bases y tradición mecanicista. La apertura a la metafísica que presenta la TDI –aunque no se introduzca en ella--, es considerada inaceptable por el *naturalismo metodológico* instalado en la ciencia, ya que toda explicación científica, según esta norma, debe estar limitada a factores intramundanos, inmanentes – particularmente las leyes físicas de la naturaleza--, sin ni siquiera dejar paso a consideración de posibles intervenciones trascendentes en las ciencias naturales (naturaleza), cuando se alcanzan situaciones tope en su curso; pero como veremos más adelante, esta normativa es una postura ideológica que entorpece el avance de la ciencia, y su integración con saberes sistemáticos y legítimos logrados por el ser humano, como la metafísica/teología. Es pertinente enfatizar que la TDI no recurre a causas extra mundanas para formular su tesis, solo a la inteligencia humana que es parte de nuestra naturaleza, y por tanto de la realidad inmanente.

La constatación de diseño en biología constituye el encuentro de un fenómeno natural que no encuentra respuesta adecuada y satisfactoria en la ciencia tradicional, se puede decir que este fenómeno de diseño es un estado tope que requiere una explicación de 'primeras causas'. Esta situación, naturalmente, no es solo exclusiva de la biología, se da en toda ciencia; así por ejemplo, en física se puede considerar el estado de las partículas subatómicas --su presencia y sus características--, como un fenómeno tope que, sin embargo se acepta como dado –'las cosas son como son'--, sin ocasionar problemas ni dilemas desde la acotada perspectiva mecanicista en que opera la ciencia, en las que las 'cosas' y sus acciones son verdaderamente muy simples (fuerzas elementales de un 'tira' y 'empuja'); no hay ocasión ni necesidad especial para formular posibles cuestiones ni preocupaciones metafísicas/teológicas. Pero no es posible evitar este tipo de consideraciones con la postulación de diseño, que indica acción inteligente en las estructuras bioquímicas biológicas básicas que hacen posible la vida; pero como hemos repetido numerosas veces, la TDI no incurre en elaboraciones metafísicas ni teológicas. En lo que se refiere a la acción inteligente, que utiliza la TDI para formular su tesis, no se trata de una inteligencia divina, sino que es la inteligencia humana, un poder causal no mecanicista, no considerado por las ciencias de la naturaleza, aunque sea parte importantísima de la naturaleza, nada menos que en el ser humano. El poder causal de la inteligencia provoca desconfianza y rechazo, particularmente en los adeptos a la ideología materialista dominante; una ideología que sostiene que todo proviene de la materia y energía.... y del azar –incluyendo la conciencia y la inteligencia de los hombres--, sin necesidad de recurrir a más explicaciones; esta propuesta reduccionista y extrema del materialismo no ha sido posible de demostrarse empíricamente; además, una actitud reduccionista no es satisfactoria para la mente humana que busca soluciones profundas, amplias y sólidas, que satisfagan la inquietud y ansias por saber y entender de los seres humanos.

Esta pregunta que plantea la TDI desde la detección de acción inteligente en el campo de la biología –y de su origen--, se puede considerar en rigor, como un verdadero *'desafío'*, tanto para la ciencia misma, como para la metafísica/teología; la TDI no se trata de un 'milagro', su propuesta está basada en estudios empíricos, pero esta propuesta constituye un auténtico desafío, que no debe negarse, ni evadirse, sino que enfrentarse como tal; los hechos lo exigen. Es un desafío para la ciencia, porque la TDI hace patente una situación que la ciencia tradicional mecanicista es incapaz de explicar, y que además, implica un cambio muy significativo para el paradigma predominante mecanicista evolutivo de las ciencias de la naturaleza; y sabido es que los cambios de paradigma no son fáciles de efectuar. Y es un desafío también para la metafísica/teología, porque la TDI exige reconocer una acción inteligente de un agente – agencia--, inteligente, percibida directamente en el campo de las ciencias naturales, con lo que altera, al menos para algunas corrientes metafísicas, la separación de *causas primeras* (acción directa del agente responsable), de las *causas segundas* (generadas por el agente para dar autonomía al desarrollo del mundo; causas en las que capitaliza la ciencia); pero naturalmente los ajustes metafísicos/teológicos frente a la TDI no se reducen solo a este aspecto.

Se podría decir que esta situación de incertidumbre del proceso de generación del diseño de las estructuras biológicas, es una debilidad dentro de la estructura del conocimiento científico. Pero en este sentido, es necesario enfatizar lo que ya hemos mencionado, en ciencia no se entra a especular acerca del origen último de las cosas o fenómenos que maneja; por ejemplo, si consideramos las fuerzas fundamentales de la física, la preocupación científica no va más allá de lo que la ciencia misma pueda responder con sus investigaciones empírico-teóricas, las implicaciones metafísicas se ignoran fácilmente. La ciencia está suspendida irremediablemente en una esfera de incertidumbre de las causas originales (primarias) que no se puede abordar con sus supuestos y procedimientos; esta cuestión corresponde a otras disciplinas, y las respuestas que se propongan, no siempre serán satisfactorias para todos, por los variados supuestos, creencias básicas y metodología que utilizan estos saberes; pero esto no invalida sus esfuerzos ni su valor.

Es oportuno comentar con respecto al 'desafío' que constituye la TDI, la crítica que se hace a la TDI señalando que la hipótesis de acción inteligente que presenta no se puede probar, porque el poder causal que la confirmaría es un poder divino fuera del alcance de los procedimientos científicos; por tanto esta tesis, no es ciencia, cae fuera de sus posibilidades metodológicas. La TDI es sin duda un 'desafío' que se realiza desde la ciencia misma, y por tanto la tesis es científica, y su desafío es legítimo; que este desafío no se pueda resolver desde la ciencia misma –al menos en este momento--, no lo invalida como tal. Por lo demás, pensar que la ciencia con sus perspectivas y posibilidades sea capaz de resolver todas las incógnitas que asaltan a los seres humanos es caer flagrantemente en un cientifismo y reduccionismo arrogante e infundado; por tanto, pensar que en la ciencia misma no puedan surgir desafíos, como el de presenta la

TDI, constituye una muestra de cientifismo reduccionista presuntuoso e insostenible.

En relación a la crítica de la TDI como una tesis metafísica hay otras censuras al DI, digamos colaterales, que mencionaremos muy brevemente. Una de estas críticas dice que la TDI tiene que postular a Dios para sustentar su tesis de diseño; no es necesario repetir lo ya dicho numerosas veces, simplemente hay que puntualizar que estos críticos no se han enterado de lo que postula la TDI, o lo han malentendido. De igual modo, sucede con aquellos que sostienen que la TDI es un ejemplo del uso de Dios para rellenar los "huecos de ignorancia" en la actividad científica; el diagnóstico de diseño es el resultado de un proceso analítico apoyado en hechos empíricos, no hay ignorancia, pero si un *desafío* abierto a otros saberes y experiencias humanas: la presencia de inteligencia en las estructuras teleológicas complejas en biología; --no se trata de problemas mecanicistas confusos y difíciles de resolver, sino de un problema diferente en clase: presencia de acción inteligente. También se ha señalado que Dios no puede ser objeto de estudio científico, lo que es compresible, pero la TDI no estudia a Dios ni insinúa que lo pueda hacer; por lo contrario, claramente explica que el problema del "diseñador" es un 'desafío' que se debe resolver, particularmente por otras disciplinas como la metafísica/teología, en cuanto la ciencia no encuentre otra explicación viable y demostrada a las estructuras teológicas biológicas. Por último menciono que se ha considerado a la TDI como una prueba de la existencia de Dios, a partir de los análisis de su creación, es decir de la naturaleza; en otras palabras, se ha catalogado a la TDI como una pieza de Teología natural, pero nuevamente hay que comentar que esta consideración de la TDI, no corresponde en modo alguno a lo que esta tesis propone, solamente indica una falta radical de comprensión de la TDI.

BIBLIOGRAFÍA.

Behe, Michael (October 27, 2016). Philosophical Objections to Intelligent Design: A Response to Critics. En Evolution News:

http://www.evolutionnews.org/2016/10/philosophical_o103234.html

Boudry, Maarten (2013). Loki's Wager and Laudan's Error. On Genuine and Territorial Demarcation. En: Philosophy of Pseudoscience. Ed. Massimo Pigliucci & Maarten Boudry. The University of Chicago Press.

Discovery Institute. Peer-Reviewed Articles Supporting Intelligent Design.
http://www.discovery.org/id/peer-review/ (Accedido en Octubre del 2016)

Laufmann, Steve (July 10, 2015). Evolution's Grand Challenge. En: Evolution News.
http://www.evolutionnews.org/2015/07/evolutions_gran097591.html (Accedido en Octubre del 2016)

Luski, Casey (March 30, 2011). A Positive, Testable Case for Intelligent Design.
http://www.evolutionnews.org/2011/03/a_closer_look_at_one_scientist045311.html (Accedido en Octubre del 2016)

Meyer Stephen C (November, 2005). El Estatus Científico del Diseño Inteligente: La Equivalencia Metodológica de las Teorías Naturalistas y No Naturalistas de los Orígenes.
http://www.oiacdi.org/articulos/El_Estatus_Cientifico_del_DI.pdf (Accedido en Octubre del 2016.)

Research (December, 2015). Bibliographic and annotated list of peer-reviewed publications supporting intelligent design. En: Center of Science & Culture.
http://www.discovery.org/f/10141

Ruiz R. Fernando (Julio, 2014). Ciencias experimentales, Ciencias históricas y Diseño inteligente.
http://www.oiacdi.org/articulos/CIENCIAS%20HISTORICAS_O_DEL_O RIGEN.pdf (Accedido en Octubre del 2016.)

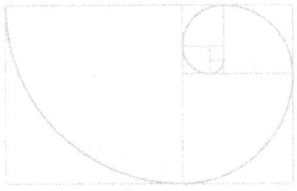

Capítulo VI
El naturalismo en ciencia: Situación de la TDI.

Naturalismo y Naturalismo metodológico (NM).

Se critica a la TDI por no recurrir a leyes o procesos causales naturales para explicar –justificar--, su tesis central; esta crítica está basada en la normativa conocida como *Naturalismo metodológico (NM)*. Pero esta justificación encuentra de partida dificultades porque, las leyes naturales en las ciencias de la naturaleza, no son todas explicativas, sino que son más bien descriptivas de relaciones en observaciones de fenómenos que ocurren en forma repetida. Pero además de ser fundamentalmente descriptivas, las leyes de la naturaleza provienen de la observación de fenómenos que se repiten, esto significa que son producto de un proceso de inducción. Como lo hemos visto anteriormente, la inducción no entrega un conocimiento absoluto del punto de vista lógico, puesto que no se tiene garantía de que los fenómenos continuarán repitiéndose de la misma manera; argumentar que de acuerdo a nuestra experiencia siempre se han repetido, es usar nuevamente el método de inducción. De manera que no se tiene una certeza absoluta (lógica) de las descripciones, ni tampoco de las explicaciones basadas en las leyes de la naturaleza. Es importante tener presente esta situación, porque algunos autores argumentan que la posibilidad de causas guiadas –inteligentes--, en la naturaleza, no contarían con la garantía de la continuidad que ofrecen las leyes naturales, pero como vemos, esta garantía de las leyes naturales es meramente ilusoria o psicológica, no lógica.

También es importante recordar que las leyes de la naturaleza son muy necesarias y básicas para ciencias como la física y la química, pero no para otras disciplinas científicas, como la sociología, la psicología, la arqueología, que no pueden reducirse a justificaciones naturales, sin considerar la acción inteligente de los seres humanos que es cuestionada o incluso rechazada por el NM; esta disparidad genera una inconsistencia con respecto al poder causal que utilizan las ciencias. De manera que el NM no puede promulgarse como un criterio general de demarcación para la ciencia, como pretenden algunos adherentes del NM; y si se usara como criterio de demarcación para solo las ciencias naturales, debemos reconocer otro problema; básicamente estas ciencias –tradicionalmente-- no cuentan con un poder causal natural conocido, capaz de explicar fenómenos que presentan una configuración teleológica, una organización compleja funcional y dirigida a una meta común. Es efectivo que la TDI no recurre a leyes para proponer su tesis, sino que a la acción de un agente inteligente –el ser humano--, el único poder causal capaz de generar estructuras teleológicas funcionales; y este poder es perfectamente natural, evidente y patentemente empírico. Es importante recalcarlo, la inteligencia es un componente fundamental de lo que denominamos naturaleza, por lo que utilizar el poder causal inteligente, es parte, sin duda alguna, de un acercamiento perfectamente 'naturalista' para el estudio y comprensión de los fenómenos naturales. La TDI no depende de factores extra-naturales para formular su tesis.

Desde hace ya varios decenios se viene *imponiendo* en ciencia, el denominado *Naturalismo metodológico (NM)*. Se trata de una normativa que exige explícitamente para la actividad científica, la exclusión de explicaciones sobrenaturales —no-naturales--, sin consideración de la existencia o no, de lo sobrenatural. En otras palabras, el NM es una imposición metodológica en ciencia de carácter ideológico --particularmente en las ciencias de la naturaleza en la que exige explicaciones causales derivadas de las leyes naturales; sin embargo, el NM pretende desligarse del *Naturalismo ontológico (NO)* que le provee el sustento y la fuerza con que se presenta el naturalismo metodológico en nuestro tiempo. El NO es una concepción filosófica importante de conocer para entender las raíces del NM de nuestro tiempo. Papineua G. (2007) explica que no se tiene un significado preciso del término 'naturalismo', cuyo uso actual deriva de los debates de los filósofos auto denominados 'naturalistas', como John Dewey, Ernest Nagel, y otros, en la primera mitad y mediados del siglo XX. Básicamente estos intelectuales reducían lo real a lo natural, sin aceptar nada 'sobrenatural', y proponían que la ciencia y su método, eran el camino indicado para investigar todas las áreas de la realidad, incluyendo las expresiones del espíritu humano. Naturalmente en la filosofía actual se encuentran simpatizantes de un naturalismo estricto, aunque tenemos también adherentes de un espectro de variaciones de esta caracterización simple del naturalismo. Pero en términos generales se pueden distinguir dos componentes de esta noción, el Naturalismo ontológico, que elimina los factores sobrenaturales como componentes de la realidad, y el Naturalismo metodológico que afirma la autoridad de la ciencia para su estudio, sin consideración alguna de lo sobrenatural. (Ruiz, F. Marzo, 2015)

El NM marginado del NO, no es aceptado por algunos adherentes al NM, como por ejemplo Mahner (2012; 21, 1437-1459); estos autores piensan que el naturalismo ontológico es indispensable para que exista la ciencia como la conocemos. Según la opinión de estos autores, con un NM vigente sin un NO verdadero que lo respalde, no es posible el desarrollo adecuado de la actividad científica. Esta posición ligada fuertemente al NO podríamos llamarla NM 'duro', para distinguirla de otros autores que subscriben a un Naturalismo metodológico suave, que exige solamente el atenerse a la norma metodológica, "como si fuera verdadero" el naturalismo ontológico, para evitar de este modo, las acusaciones de contaminación metafísica en ciencia, y también para frenar el recurso a fuerzas sobrenaturales carentes de poder causal físico, que por lo demás no se pueden medir, ni manejar. De esta manera, la aplicación de esta normativa del NM suave sería independiente de las creencias que se puedan tener respecto a Dios, y a lo sobrenatural en general.

Pero el NM enfrenta problemas en sus dos versiones; el NM 'duro' claramente adhiere a una metafísica particular que se impone en la metodología de las ciencias naturales de una manera arbitraria, explícita y dogmática; es efectivo que las ciencias trabajan en base a muchos y diversos supuestos, incluyendo metafísicos como son por ejemplo, la creencia en el orden natural susceptible de ser captado racionalmente y el 'realismo ingenuo' que impulsa a desentrañar los secretos de 'lo otro' que es, y les otorga constancia. Pero estos supuestos hacen posible la curiosidad e incentivan la búsqueda de la 'verdad' de lo que las cosas son. El NM 'duro' en cambio, solo lleva a la ciencia por el estrecho camino del mecanicismo, cerrando la posibilidad de explorar racional y sistemáticamente otros ámbitos del mundo que vive el hombre, no asequibles a los parámetros del mecanicismo, aún en sus versiones contemporáneas; como son los fenómenos biológicos que hacen posible la vida, como la conciencia y el libre albedrío, y muchos más. El NM suave peca prácticamente de los mismo vicios que el NM duro, con el agravante de caer de bruces en la inconsistencia patente y en la arbitrariedad flagrante, al pretender el naturalismo solo como metodología para la ciencia, aceptando sin embargo, otras posibilidades de conocimiento y de lo sobrenatural fuera de la ciencia. El NM, por lo demás, no ofrece ningún beneficio especial de protección a la ciencia frente a posibles abusos de pseudociencias que recurran a poderes causales sobrenaturales, porque una ciencia bien llevada, con esmerada observación de los objetos estudiados y sus contextos, y con una metodología basada en procedimientos constatables, transparentes; y además, genuinamente abierta a la crítica y a hipótesis alternativas, y a la replicabilidad en cuanto posible, es por sí sola capaz de eliminar propuestas erradas o inverificables, envuelvan aspectos sobrenaturales, o no.

Algunos autores señalan que los hechos naturales únicos no repetibles —como sucesos pasados--, no son susceptibles de ser estudiados por la ciencia, pero esto es obviamente muy discutible, porque, aunque estos hechos no se puedan observar ni experimentar directamente con ellos, pueden ser entendidos desde los conocimientos científicos vigentes, incluso es posible en algunos casos recrear ambientes experimentales o computacionales para explorarlos; naturalmente hay algunos sucesos que no son posibles de comprender con una ciencia mecanicista, y también habrán sucesos que no estarán al alcance de la comprensión científica por amplia que esta sea, lo que es muy comprensible y aceptable, puesto que la ciencia estudia solo parcelas de la realidad, que no cubren la realidad entera; pensar que la ciencia estudia toda la realidad implica un *reduccionismo cientifista ideológico* que ignora las limitaciones y la metodología con que trabaja toda ciencia.

Es oportuno señalar que algunos autores que defienden la normativa del NM justifican su vigencia, porque ha funcionado exitosamente por varios siglos (incluyen en esta normativa actual, el 'naturalismo' del comienzo de la ciencia moderna, que veremos más adelante), y continúa funcionando igualmente para la ciencia. Estos autores piensan que la exigencia del NM no es una normativa dogmática ni arbitraria, sino una recomendación basada en la experiencia. Sin embargo esta defensa del NM, no considera que hay muchos fenómenos naturales, principalmente los biológicos asociados con la vida, que no son posibles de explicar adecuadamente con los poderes casuales naturales conocidos, y que son mejor explicados y entendidos como consecuencias de otro tipo de poder causal —no-mecanicista--, como lo hace la TDI que recurre a una acción inteligente; y la acción inteligente es un poder causal constatado de hecho en el mundo que vivimos; no es sobrenatural. La TDI no requiere de un 'sobrenaturalismo', pero sí de un naturalismo verdadero, amplio, que incluya lo más obvio de lo existente para el ser humano, su conciencia e inteligencia

Relación del 'naturalismo metodológico' con la ciencia.
Hasta aquí hemos visto las características del Naturalismo metodológico en su relación con el NO, sin embargo pienso que para comprender aún más profundamente la relación entre el NM y la ciencia, es conveniente hacer un repaso muy superficial del origen de la ciencia moderna, básicamente de la física que es el modelo, y fundamento de las ciencias de la naturaleza. Para este efecto, tenemos que remontarnos a la Revolución Científica del Siglo XVII, que da origen a la ciencia física que hoy conocemos, con un desarrollo de increíbles éxitos tecnológicos, inimaginables hace unos pocos siglos atrás. (F. Ruiz, Noviembre, 2014.)

El panorama cultural de la Edad Media estaba fundamentalmente sustentado por la escolástica en la que predominaba la corriente aristotélico tomista (AT). Pero en los últimos siglos de ese período emergen preocupaciones y corrientes de pensamiento de tendencias místicas y neo platónicas, con ideas de fuerzas que impregnan todo lo existente; este movimiento alentó la alquimia y la astrología, y junto a las corrosivas críticas del nominalismo, debilitaron las explicaciones tradicionales del aristotelismo tomista, del realismo y del esencialismo. El humanismo renacentista por su parte, se preocupó de la centralidad del hombre y pensó la naturaleza con originalidad que lo alejó de las enseñanzas usuales de la época. En este clima de cambios y novedades emerge la Revolución científica del Siglo XVII.

Son numerosos los estudiosos de la naturaleza y los filósofos que participan en la generación de la nueva visión del mundo que trae la llamada Revolución Científica del Siglo XVII. Para solo mencionar algunos, recordemos a: Nicolaus Copernicus (1473-1543), Francis Bacon (1561-1626), Galileo Galilei (1564-1642) Johannes Kepler (1571-1630), y muy particularmente a René Descartes (1596-1650). Este filósofo francés valoraba las ideas claras y distintas como la base para lograr certeza en el conocimiento; siguiendo este principio, identifica la física con la geometría, y luego con la mecánica, y, de este modo surge, la filosofía y la ciencia mecanicista de la naturaleza, que van a desplazar la concepción aristotélico tomista.

Descartes para explicar los fenómenos naturales considera que hay que basarse en "hechos" irrefutables, y/o en conclusiones extraídas mediante la reflexión racional de los aspectos fundamentales de la realidad, de este modo se logran *ideas claras y distintas*, con un proceso empírico racionalista, y deductivo; solo con estas ideas claras y distintas se puede fundamentar la metafísica (que para él, proveía las bases de la ciencia). Este método no varía mucho del aristotélico tomista, pero Descartes llega a conclusiones diferentes.

La tradición aristotélico tomista concebía los objetos naturales que conforman la realidad natural, siguiendo la estructura metafísica hilomórfica del filósofo griego (Ruiz, F., Junio del 2016). De acuerdo a esta tesis, los objetos están constituidos por dos principios metafísicos, la **forma** y la **materia**, que unidos dan origen a la **substancia** –sustento--, de todo objeto natural (la *forma* es el principio de vida –*alma*--, de todos los seres vivos); los principios metafísicos y la substancia no son susceptibles de observación, solo son accesibles racionalmente a través de sus manifestaciones en el mundo perceptible. Con Santo Tomás en el Siglo XIII, el origen y la mantención de estos dos principios metafísicos constitutivos de la substancia, pasan de ser eternos, como lo pensaba Aristóteles, a ser creación de Dios, que es responsable de su existencia y de todas sus propiedades. La substancia de los objetos naturales posee numerosos atributos, gracias a los principios metafísicos que la constituyen, entre los que se encuentran las llamadas **cuatro causas** que rigen el comportamiento –cambio/movimiento--, de estos objetos.

Las cuatro causas son: la **causa formal** que responde a la pregunta acerca de lo que es el objeto natural, y es responsable de lo que ese objeto es; la **causa material** responde a pregunta de lo que está hecho el objeto, y las potencialidades que posea esa materia; la **causa eficiente** responde a cómo se realizó el objeto, y opera en forma directa produciendo efectos responsables de los cambios (internos y externos) del objeto; la **causa final** responde al propósito del objeto --al para qué--, esta causa guía fundamentalmente a la causa eficiente. Pero las cuatro causas operan en forma conjunta, como un todo coherente y con sentido, en su acción causal; no operan independientemente. La **meta final** de estas causas es para Aristóteles el *bien* del objeto natural. (Ruiz F. Junio, 2016)

Descartes y los intelectuales de la Revolución científica, abandonan la causa final y la causa formal de la concepción de la filosofía tradicional, por considerarlas explicaciones más bien retóricas, no posibles de explorar, ni cuantificar para manejar el mundo material observable; y no se pueden matematizar como las otras dos causas. Retienen la causa eficiente y la causa material, aisladas, sin dirección alguna más allá de sus efectos inmediatos. La causa material –materia--, se modifica posteriormente por considerarse un concepto metafísico, para usarse el concepto físico de masa, acotada por otros parámetros cuantificables de la física, y luego se difumina con la energía con el avance de la ciencia. Se conserva solo la causa eficiente como la única responsable de la dinámica de los objetos naturales, una dinámica reducida a movimientos mecánicos; inicialmente, según Descartes, debidos a colisiones de cuerpos muy pequeños concebidos como corpusculares de tipo geométrico, pero posteriormente con el desarrollo de la física, se incorporan las propiedades inherentes de los objetos naturales que serían los responsables de los movimientos de los cuerpos, implementando una mecánica mucho más rica y compleja. Una de las primeras propiedades inherentes que se reconoce es la fuerza de gravedad, luego sigue el electromagnetismo, y en la actualidad tenemos además, las fuerzas nucleares mayor y menor, para completar las cuatro fuerzas elementales de la naturaleza de acuerdo a la física contemporánea.

Descartes desprende las leyes naturales del principio divino, pero luego en ciencia se olvida este origen, para reducir las leyes de la naturaleza a la constatación de regularidades observables (Galileo Galilei), producto de las cuatro fuerzas mencionadas; las raíces divinas de las leyes que aparecen en Descartes, son suplantadas por las fuerzas elementales de la física, propiedades inherentes de los objetos; de este modo se llega a un naturalismo empírico y pragmático.

Las cuatro causas clásicas de la metafísica aristotélica desaparecen del campo de la ciencia, y con ella la coherencia que ofrecía esta concepción, para explicar la constitución y la dinámica de los objetos naturales; con esta pérdida desparece también, la fuente original de la existencia y de las características de las cosas, y de la vida misma: Dios. La ciencia física y las ciencias de la naturaleza van a seguir una metodología empírica y toman un curso naturalista y mecanicista creciente. La historia de la ciencia muestra sin embargo, numerosos científicos que no se redujeron a la practicidad y exclusividad de la causa eficiente, y encontraron inspiración en lo divino para estudiar y entender algunos fenómenos naturales, pero finalmente, con la influencia materialista del Siglo XIX, estos recursos metafísico/teológicos desaparecen de la actividad científica, así como también se rechaza el *Vitalismo,* movimiento intelectual, que consciente de la esterilidad del mecanicismo para explicar los fenómenos vitales organizados y holísticos, y la vida, recurrió a *fuerzas vitales* para suplir esta palpable carencia. (Ruiz, F, Marzo, 2015). En el Siglo XX nos encontramos con la clara proscripción del Naturalismo Metodológico, de toda explicación en ciencia natural que no se reduzca a lo inmanente intramundano y, particularmente a las leyes de la naturaleza comandadas por la física. Pero no se bebe omitir que el mecanicismo no abarcó el panorama científico en forma absoluta, como tampoco naturalmente, el ámbito filosófico fue dominado por el materialismo. En ciencia tenemos numerosos ejemplos de científicos usando procedimientos y conceptos de organización para entender los procesos biológicos y, en la mayoría de los casos, trabajaron con una mezcla de análisis mecanicista y de organización funcional para abordar la causalidad biológica.

Con el advenimiento del neodarwinismo, también asimilado y utilizado por la ideología materialista, los fenómenos biológicos y la vida misma, van a ser canalizados en el estrecho sendero del naturalismo mecanicista, con clara evidencia de su insuficiencia en explicar adecuadamente los complejos procesos biológicos y la información funcional que se observa patentemente en muchas de sus estructuras. Simplemente la ciencia moderna/contemporánea no cuenta con las herramientas causales para esta tarea, las meras causas eficientes utilizadas por la fisicoquímica no poseen la capacidad de organización para explicar las estructuras teleológicas, ni la información biológica que revelan en sus acciones; ya no se tiene a mano la causa final de la tradición AT, dirigida a metas funcionales y finalmente, al *bien del objeto* –su ser pleno--, que dirija todos los procesos teleológicos en una clara dirección. Ni tampoco la ciencia moderna/contemporáneas cuenta con una causa formal, rectora de los procesos de los objetos naturales, y responsable de la vida de los seres animados.

En este torcido e insuficiente panorama ideológico científico, surge y se desarrolla la TDI, como un movimiento que viene a complementar la carencia fundamental de la ciencia naturalista mecanicista tradicional, que ya no puede ocultar más su insuficiencia frente a los fenómenos biológicos que hacen posible la vida. Y lo hace, no desde una plataforma metafísica, sino desde la ciencia misma. La TDI complementa la ciencia, pero no la completa; no suplanta a una metafísica/teología que intente ofrecer una comprensión total de la realidad y de la vida.

De manera que la ciencia moderna se gestó operando en un segmento reducido de la realidad y de una forma mecanicista –no por ello sin importancia--, lo que ha persistido hasta nuestros días, naturalmente con muchas modificaciones y sutilezas, pero esencialmente reducido a movimientos desencadenados por fuerzas elementales de la física: 'causas eficientes', concebidas en forma naturalista. Es importante enfatizar que el advenimiento de la TDI no constituye un derrumbe para la ciencia mecanicista, sino que viene a ampliar sus fronteras para poder trabajar adecuadamente con las estructuras biológicas que soportan la vida de los organismos; la TDI otorga a los componentes materiales de la física mecanicista, una organización 'inteligente' que posibilita que la actividad química de las estructuras teleológicas generen acciones biológicas funcionales. Por tanto, la TDI no amenaza la ciencia mecanicista propiamente tal, pero sí significa una amenaza para las hipótesis mecanicistas que se empeñan en entender las estructuras teleológicas y la información biológica funcional con las fuerzas elementales de la física, de simples acciones de un "tira y empuja" sin más dirección o meta. De manera que la apelación al NM, no es en defensa de la ciencia –como claman algunos de sus defensores--, sino más bien, constituye un estancamiento epistemológico pernicioso e inaceptable frente a las evidencias y necesidades de la ciencia contemporánea; una situación, fundamentalmente alentada por la ideología materialista imperante que atenaza la ciencia.

La ciencia moderna se centró en la 'causa eficiente', por observable, medible y manejable, dejando de lado todo el sistema metafísico tradicional aristotélico tomista, del que la causa eficiente es solo un aspecto de la totalidad del 'objeto natural' dinamizado por *las cuatro causas aristotélicas*. Los principios de la ciencia moderna nacen entonces, estudiando solo un aspecto de la realidad: los efectos de la causa eficiente. Pero este cambio de perspectiva (estrechamiento), no ocurre en forma abrupta, esta marginación de la metafísica para realizar ciencia con lo más evidente y empírico, no significó un rechazo rotundo de la metafísica/teología, que de hecho continuó siendo vista, no solo como un modo de comprender muchos aspectos del mundo no tocados por la ciencia, sino que también se encuentra presente en muchos científicos de la época, como explicación y fundamento de fondo de algunas de sus observaciones y teorías; valga como ejemplo el mismo Descartes, también Galileo, y muy claramente Copérnico, y Newton, que utiliza la acción divina para ajustar las órbitas del sistema planetario.

Como ya mencionado, la ciencia moderna tomó un curso metodológico naturalista de carácter empírico, mensurable y pragmático, siguiendo las causas eficientes.

Con este proceder, el contenido de los trabajos científicos fue cambiando de acuerdo a las observaciones y a las teorías desarrolladas por los primeros científicos modernos, y luego por los que vinieron posteriormente, y así, hasta los hombres de ciencia de nuestros días. Pero este naturalismo metodológico, que ha probado ser extraordinariamente efectivo en el conocimiento y en el manejo de la naturaleza, ha sufrido el impacto creciente de la agresiva ideología materialista del siglo XIX, y se ha vuelto dogmático, de carácter ideológico-metafísico, convirtiendo --lo que era una metodología pragmática y eficiente--, en una visión del mundo que amalgama la ciencia con una metafísica materialista; y, además arterioscierótico, al transformarse en un impedimento metodológico para el progreso mismo de la ciencia. Esta rigidez se hace evidente al obstaculizar la incorporación de otro poder causal, más complejo y sutil --también 'natural'--, para abordar el estudio científico de ciertos fenómenos, particularmente los biológicos, como es la acción inteligente humana que juega un papel muy importante en el desarrollo de la TDI. Este poder de la acción inteligente, es también, y sin duda alguna, 'natural', intramundano, inmanente. No hay por tanto razón alguna para excluirlo del entendimiento del mundo que nos rodea, no existe una incompatibilidad entre un NM amplio, y la propuesta de la TDI, solo la influencia ideológica materialista; perniciosa para el desarrollo de la ciencia. El naturalismo metodológico, esclerosado y rígido, constituye básicamente *un tapón* para el progreso científico (*science-stopper*). En otras palabras, el 'naturalismo metodológico' original de la ciencia moderna, se ha transformado en una ideología al servicio del materialismo.

La metafísica/teología es inevitable para el ser humano, porque cubre aéreas de la vida que requieren respuestas, por incompletas o aproximadas que puedan resultar, o parecer (por lo demás las respuestas que ofrece la ciencia son también mudables e incompletas); sin estas respuestas se tiene una visión de la naturaleza, inacabada y amputada de las cuestiones esenciales para la vida, cuestiones que están fuera del alcance de la ciencia y de su metodología. La metafísica/teología no es, ni debe considerarse una enemiga forzosa de la ciencia, más bien es un complemento obligatorio, si se busca el mejor y más amplio conocimiento posible del mundo en que se encuentra el hombre. Pero se deben mantener los límites disciplinarios: metodología, supuestos y metas, --aunque la demarcación no sea absoluta--, para evitar confusiones, y siempre buscando correspondencias y complementariedad.

El poder creador de la mente humana.

La ideología materialista, que condiciona fuertemente al Naturalismo Ontológico y también al Naturalismo Metodológico, postula que solo existe la materia y su dinámica mecanicista, sin poseer guía ni dirección más allá de los efectos inmediatos de las fuerzas elementales de la naturaleza. Todo lo que experimentamos y vivimos es un producto de la materia y las leyes naturales conocidas, que gracias al azar y coincidencias ha evolucionado formando estrellas, galaxias, y aún más, ha dado origen a la vida y a su diversidad, incluyendo al hombre, su conciencia e inteligencia; de este modo, su libre albedrío queda reducido a una mera ilusión engañosa.

El materialismo es una ideología, no es una tesis científica, aunque esta ideología tiende a cobijarse bajo el manto de la ciencia, particularmente las ciencias naturales mecanicistas, para ganar credibilidad y usurpar prestigio. Pero la ciencia no confirma el punto fundamental del materialismo: la generación de la psiquis humana desde el material cerebral; si esto fuera demostrado fehacientemente, el materialismo ganaría un apoyo muy importante para su propuesta. Simplemente, la relación de la psiquis y el material cerebral muestra algunos casos en que lo material parece provocar lo psicológico, y otros en que lo psicológico causa la activación cerebral, y la mayoría muestra una correlación mente-cerebro. Estos encontrados resultados vienen confirmar la misteriosa unidad del ser humano que la ciencia separa para realizar sus estudios, y luego tiene dificultad en reunirlos coherentemente. Por otro lado, la vivencia primaria de lo existente es un 'fenómeno mental', es en la conciencia intencional en la que se constituye lo otro del mí mismo, y en esta otredad, se encuentra lo que vamos a llamar materia. La materia nunca se da sin una mente que la piense, aunque se 'piense' como independiente y eterna; su ser se constituye en una mente. Resulta por tanto, difícil, por no decir anti-intuitivo pensar que la materia origina la mente, eso es solo una hipótesis de un ser pensante – basada y sostenida por una mente--; no es más que una hipótesis de algunos seres humanos, por lo demás, especulativa y básicamente irreflexiva e irracional.

Sin embargo, hay numerosos autores de la corriente materialista que se aferran a su creencia que la materia es el origen de todo lo existente, y que la mente humana no es más que una ilusión irreal, porque lo que verdaderamente existe es la materia, el cerebro regido por las relaciones causales mecanicistas. Otros autores no eliminan la mente, pero le quitan la substancia ontológica para dejarla convertida en un epifenómeno, en algo secundario que emerge de la materia, sin verdadera explicación. Desde este punto de vista resulta que vivimos en una ilusión irreal, pensamos, especulamos, sufrimos y amamos en un teatro de solo apariencias, y terminamos igualmente, muertos como un sueño de la materia; somos como unas marionetas de una materia inconsciente comandada por las fuerzas ciegas de la naturaleza y el azar. No es el propósito de este trabajo revisar ni analizar estas curiosas tesis, en todo caso, creo que basta el más simple sentido común, para percatarse de que van por camino errado, cuyo destino no podrá ser otro que una confusión completa, y un absurdo fenomenal.

Pero, naturalmente todos los seres humanos, incluyendo a los materialistas acérrimos, continúan sumergidos en la vida corriente, haciendo planes, pensando, amando, construyendo, y ejerciendo su poder personal de seres que tienen la capacidad de buscar el bien y la verdad; de agentes causales, modificando el ambiente en que viven. Somos sin duda, agentes inteligentes, con capacidad de abstracción, conocimiento, propósitos y metas, valores y posibilidad de elección y discernimiento; con un poder causal sutil y creador, que obviamente no posee la materia cruda. Esta caracterización no constituye una especulación, sino una constatación vivida diariamente, perfectamente consensuada y documentada empírica e intuitivamente.

La evidencia es clara e incontestable que el ser humano es un agente inteligente con poder causal. Este obvio hecho constituye un severo golpe al dogmatismo materialista y a sus condicionados, el naturalismo ontológico y el naturalismo metodológico. La presencia en el mundo de un ser inteligente y creador como el ser humano, horada las explicaciones mecanicistas absolutas; la inteligencia creadora, simplemente no puede provenir de la materia inerte que cuenta solo con las crudas propiedades de las fuerzas elementales de la naturaleza. La presencia de un ser personal en nuestra realidad mundana, abre inevitablemente las puertas a consideraciones metafísico/teológicas imposibles eliminar como pretende el materialismo.

BIBLIOGRAFÍA:

Mahner, M. (2012). The role of metaphysical naturalism in science. Science & Education 21, 1437-1459.)

Papineau, David (2007). Naturalism. Stanford Encyclopedia of Philosophy.
http://plato.stanford.edu/ (Accedido en Febrero del 2015)

Ruiz R. Fernando (Noviembre 2014). NEOTOMISMO, MECANICISMO Y DISEÑO INTELIGENTE. Mecanicismo y vitalismo (3).
http://www.oiacdi.org/articulos/Mecanicismo_y_Vitalismo.pdf
(Accedido Octubre del 2016)

Ruiz R. Fernando (Marzo, 2015). Naturalismo Metodológico y Diseño Inteligente.
http://www.oiacdi.org/articulos/Naturalismo_metodologico.pdf
(Accedido Octubre del 2016)

Ruiz R. Fernando (10 de Junio 2016). Hilomorfismo: De la Teleología al Diseño Inteligente en Biología. OIACDI.

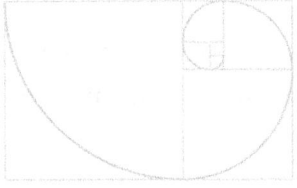

Capítulo VII
Aportes de la teoría del diseño inteligente a la ciencia.

"Mecanismos" y "predicciones" de la TDI.
Se ha criticado a la TDI por no poseer mecanismos ni formular hipótesis predictivas, y algunos autores desafían a los teóricos de la TDI para que muestren los mecanismos usados por el 'diseñador' en la configuración de las estructuras biológicas diseñadas. Esta última censura no tiene asidero, pues está desplazada al terreno metafísico/teológico, al que en verdad se acerca la TDI, pero sin entrar en él; esta tesis no brinda explicaciones especulativas de carácter metafísico/teológico, permanece en lo empírico y 'natural' de este mundo. Como hemos recalcado numerosas veces en este trabajo, la configuración inteligente de las estructuras teleológicas que postula la TDI está apoyada en observaciones empíricas y en el análisis de poderes causales capaces de generar este tipo de configuraciones (acción inteligente), y se ofrece como la mejor explicación disponible conocida para entender consistentemente el funcionamiento y el origen de estas estructuras funcionales. El sustento científico de la TDI no es la presencia de un 'diseñador', sino que la observación y el análisis causal de las

estructuras biológicas funcionales, la agencia diseñadora –'diseñador'--, constituye el 'desafío' epistemológico que plantea esta tesis.

Es efectivo que la TDI no cuenta con 'mecanismos', básicamente porque en lo que se refiere a las configuraciones teleológicas, no es una tesis de tipo mecánico, sino que una tesis que se refiere a una 'organización' de partes biológicas –bioquímicas--, que funcionan coordinadamente para lograr una meta funcional común. Esta organización es mejor explicada por una acción inteligente, y esta acción obviamente no es mecánica --comandada por las fuerzas fundamentales de la naturaleza--, sino que es una acción inteligente deliberada y dirigida para conseguir la integración funcional de las partes envueltas. Es fundamental subrayar que estas configuraciones teleológicas comprenden estructuras bioquímicas, son estas estructuras las que están organizadas inteligentemente; pero las estructuras en sí son de tipo químico y, por tanto, sujetas a las leyes fisicoquímicas de carácter mecanicista. Estas partes bioquímicas de una estructura biológica teleológica expresan una información biológica de tipo funcional, propia de la teleología estructural a la que pertenecen; piénsese en las codificaciones funcionales del ADN, o en la organización teleológica de las cadenas de aminoácidos de las encimas que permiten su función específica. Esto significa que la configuración inteligente de estas estructuras, organizan las relaciones 'mecánicas' de sus componentes bioquímicos para realizar las funciones biológicas correspondientes. Como ya hemos comentado anteriormente, la TDI no pretende ni intenta desplazar las leyes naturales, solo complementarlas para entender los niveles de organización de la actividad bioquímica dirigida que constituyen las acciones funcionales biológicas, indispensables para la vida de los organismos. La parte 'formal', organización específica de los componentes bioquímicos, la TDI propone ser resultado de una acción inteligente deliberada para generar resultados funcionales biológicos; aquí no se tiene una maquinaria, sino una configuración inteligente, no hay mecanismos. Pero esta organización, esta 'forma', no es ilusoria, sino que es instanciada en la disposición específica de las substancias químicas, componentes de la estructura teleológica. Se puede decir con toda pertinencia, que estas moléculas bioquímicas están 'formalizadas' —organizadas--, para generar con sus acciones químicas particulares, una acción conjunta y coordinada que constituye una acción funcional biológica. De manera que la TDI, no describe ni se refiere a un fenómeno psicológico —a una forma imaginada o solo pensada--, sino que a una estructura empírica —claramente constatable--, organizada específicamente, pero que solamente se puede entender como generada por una inteligencia con fines perfectamente entendibles. De manera que esta estructura teleológica, claramente empírica, funciona bioquímicamente con sus componentes 'formalizados'; esto es, diseñados. La actividad bioquímica de las estructuras funcionales biológicas es diseñada, siendo, sin embargo, totalmente bioquímicas en sus particularidades atómico-moleculares, regidas por las leyes naturales que les corresponden. De modo que los estudios bioquímicos de la complejidad biológica es un estudio científico de la TDI.

Como hemos dicho, la TDI obviamente no ofrece mecanismos en cuanto a su organización inteligente, pero su expresión a través de sus partes bioquímicas, es perfectamente tangible y organizada específicamente; esta configuración tiene un carácter funcional holístico, que requiere un entendimiento, no de tipo mecánico, sino de *relaciones y correspondencia*. Se puede afirmar con certeza, que en este nivel bioquímico se pueden realizar predicciones, siguiendo las leyes naturales que rigen los procesos moleculares, pero sometidos a la organización funcional.

De manera que cuando hablamos de la TDI nos estamos refiriendo a dos aspectos de la estructura biológica 'diseñada', la organización inteligente teleológica, y las partes bioquímicas organizadas. El primer aspecto es configurativo −'formal'--, y se puede decir que constituye, en este análisis y perspectiva, una metateoría del funcionamiento de las estructuras biológicas bioquímicas para el logro de las funciones biológicas. El segundo aspecto, constituye la parte 'material' de la estructura diseñada; nótese que estos términos de 'forma' y 'material' se refieren a aspectos totalmente asequibles empíricamente, en modo alguno poseen connotaciones metafísicas como los principios metafísicos de "forma" y "materia" de la tradición aristotélico tomista. La unidad indisoluble de estos dos aspectos, se puede describir como bioquímica organizada inteligentemente (teleológicamente); esto es la TDI. Con esta perspectiva de la TDI, resulta claro que pertenece al ámbito de los estudios científicos, reconociendo que el aspecto de la configuración teleológica presentada, la lleva a los bordes de la ciencia con la metafísica/teología, sin traspasarlos; un verdadero 'desafío' epistemológico, como ya lo hemos discutido anteriormente. Este desconocimiento de las circunstancias y modos como ocurre esta acción inteligente en la historia del universo, no permite predecir cuándo ni adonde se generarán nuevos diseños en la naturaleza.

Predicciones de la configuración teleológica. A pesar de desconocerse los modos y circunstancias en que se realiza la acción inteligente, que conforma específicamente la estructura funcional biológica, la estructuración teleológica misma, en integración con otras para construir el apoyo y soporte indispensable de la vida del organismo, permite hacer numerosas predicciones. Mencionaremos solo algunas que resultan ilustrativas: --La concepción de diseño en las estructuras biológicas funcionales, permite inferir que para una función biológica dada, deben existir numerosas piezas bioquímicas funcionando en forma armonizada, aunque todavía estas piezas no se hayan observado en su totalidad; esta lógica de integración – holística--, de diversas acciones para lograr una acción o función biológica, permite predecir --por la necesidad funcional--, lo aún no descubierto: las estructuras funcionales participantes de la función biológica, y estimular así, la investigación dirigida para completar la comprensión del sistema funcional completo. (Nelson, P., Jan. 2016) --La TDI permite asegurar que todos los seres vivos que se encuentren y estudien, poseerán inevitablemente estructuras teleológicas cargadas de información biológica indispensable para hacer posible su vida y sus cambios. --La TDI predice, que si la estructuración funcional de los seres vivos es diseñada inteligentemente, encontraremos diversos sistemas, estructurales y operativos, esenciales para la integración de las distintas funciones teleológicas de los organismos, y para permitir la expresión efectiva de la información genética y epigenética que posean; lo que ha sido confirmado. (Shapiro J., 2011, 124; Wells, J., 2004) -- La TDI predice que si una estructura biológica teleológica contiene información se puede anticipar la existencia necesaria de una estructura también diseñada que responde a esa información o, la presencia de sistemas de transporte, y en algunos casos de almacenaje, y también de decodificación en células especializadas, en caso que se trate de información codificada como la del ADN. –Y no se puede dejar de mencionar la conocida situación de ADN 'basura'; esto es, aquella parte del genoma que no tienen codificación para aminoácidos, una porción de tamaño considerable que se consideró era el basurero de mutaciones inservibles en el proceso de evolución; los proponentes de la TDI no aceptaron esta explicación, y argumentaron que siendo el genoma una estructura biológica teleológica –diseñada--, el ADN 'basura' podía tener funciones aún desconocidas; las investigaciones biológicas han confirmado que este ADN 'basura' tiene funciones regulatorias en los procesos genéticos, y se espera continuar encontrando funciones de este 'basurero'. (Dembski, W., 1998, 21-27; Wells J., Nov. 2004) (Luskin, C., March, 2011)

Predicciones de la 'materia' bioquímica de las estructuras diseñadas. De manera que la TDI posibilita la realización de una gran cantidad de hipótesis predictivas, tanto derivadas de la organización teleológica misma, como fundamentalmente, las conectadas con los estudios bioquímicos de acciones integradas para comprender las funciones biológicas, incluyendo exploraciones referentes a la información biológica y otras áreas de la biología (Luskin, C. Nov. 23, 2010. Biographic... Dec. 2015). La exposición de estos estudios con sus hipótesis exploratorias van más allá del propósito de este trabajo.

Con esta perspectiva que la TDI ofrece a la ciencia es importante recalcar que la TDI no debe mirarse entonces, como una mera tesis explicativa acerca del origen de las estructuras teleológicas en la historia del universo, y consecuentemente de la aparición de la vida; sino que su contribución se hace patente y muy significativa en los estudios contemporáneos de la ciencia biológica. Algunos autores han comentado que las tesis acerca de los orígenes no tienen mayor importancia para muchos profesionales que trabajan con en biología, incluyendo a investigadores que ponen su preocupación primariamente en comprender los fenómenos biológicos actuales, sin mayor atención a los posibles orígenes históricos de estos fenómenos. Además, muchas personas, incluyendo científicos, consideran el tema de los orígenes como un área de la ciencia bastante contaminada por ideologías contrapuestas, que caen en interminables polémicas, difíciles de seguir por las personas no suficientemente informadas en los pormenores de los argumentos técnicos usados. Es importante recalcar entonces, que la TDI es una tesis actual, viva, importante y efectiva para la realización y comprensión de los estudios biológicos en nuestro mundo contemporáneo.

La TDI aporta coherencia conceptual a la actividad científica.

En esta sección no intento recalcar los aportes de los trabajos científicos realizados en conexión con la TDI, sino más bien destacar la coherencia conceptual que trae la TDI a la investigación biológica contemporánea. Me refiero a que la TDI ofrece a la ciencia mecanicista biológica, una justificación a la investigación que realiza la ciencia actualmente, de la integración holística, sincronizada de las acciones bioquímicas para llevar a cabo las funciones biológicas; este acercamiento holístico integrado no se corresponde con un objeto de estudio concebido en forma mecanicista, pero sí con uno diseñado teleológicamente. En otras palabras, la TDI supera la incoherencia entre el modo como estudia la ciencia, y la concepción mecanicista de las estructuras biológicas que estudia. La TDI justifica la integración de las piezas bioquímicas, jerárquicamente entrelazadas y sincronizadas, y la visión holística funcional que se maneja en la ciencia, lo que le permite el estudio y la comprensión de los componentes funcionales de esta totalidad, y la búsqueda de metas funcionales biológicas. Este cambio de dirección en la intelección de la ciencia, implica que los seres vivos, y sus piezas componentes, son comprendidos de manera más coherente y adecuadamente explicativa, desde su organización, hacia los elementos que la constituyen, habitualmente pasando por otras organizaciones previas; un procedimiento de 'ingeniería inversa'. De esta manera se supera la incoherencia con el dinamismo lineal mecanicista que comienza en sentido contrario, con los constituyentes moleculares, para construir --sin dirección alguna--, de abajo hacia arriba -- causalidad ascendente (botton-up)--, una totalidad organizada, imposible de justificar con las simples acciones mecanicistas. De este modo, la causalidad descendente (top-down), cobra pleno sentido y justificación, porque parte de la totalidad organizada, de la meta funcional diseñada teleológicamente.

En suma, la TDI con el reconocimiento de las configuraciones biológicas teleológicas inteligentemente organizadas, presenta un marco conceptual de estas estructuras, perfectamente compatible y coherente con la práctica y con los resultados de los estudios realizados por la ciencia –particularmente la biología molecular--, que han ido reconociendo cada vez más, las sutiles y complejas interacciones bioquímicas dirigidas, que hacen posible la vida de los organismos. Se puede afirmar que la biología es una ciencia empírica y los datos que va recogiendo en sus investigaciones requieren de un acercamiento de diseño teleológico para su cabal comprensión y estudio; en otras palabras, este acercamiento teleológico diseñado no es una mera estrategia de estudio, sino que una necesidad que emerge de los datos científicos mismos como organizados y dirigidos a una meta funcional.

La Ciencia y la Teoría del Diseño Inteligente 181

En este capítulo es apropiado enfatizar una vez más la concepción de la TDI, aún si caemos en la repetición. Ya hemos visto que la TDI comprende dos aspectos indisolubles, por una parte una configuración funcional dirigida a una meta: aspecto formal; y por otra parte, los componentes orgánicos –bioquímicos--, de la estructura diseñada: aspecto material; esto es, una integración de forma y contenido, una integración de una 'organización teleológica'; en otras palabras 'estructuras bioquímicas activas formalizadas'. La organización formal explica la 'información' bioquímica: actividad fisicoquímica biológicamente funcional; de manera que los estudios científicos realizados para dilucidar las funciones biológicas, están precisamente trabajando con esta bioquímica organizada que presenta la TDI. A este nivel se están generando constantemente exploraciones y predicciones de funcionamientos biológicos integrados; recordemos los estudios de las ya famosas máquinas moleculares, los módulos funcionales de multi-integración, los esfuerzos realizados de aplicar modelos de diseño ingenieril para comprender las interacciones biológicas, etc. (Snoke D. 2014)

Pienso que es pertinente mencionar un ejemplo que ilustra la coherencia que se logra con la TDI y los estudios biológicos. La conocida macromolécula ADN es un buen ejemplo, esta estructura participa en distintas funciones; así, un simple gen puede contribuir a la génesis de múltiples proteínas, y de otros productos regulatorios, lo que indica que las cadenas de bases de nucleótidos, codifican diversos mensajes que pueden ser leídos gracias a las acciones del ARN, y otras estructuras celulares. El ADN no es una excepción en este sentido, existen numerosos ejemplos de integraciones teleológicas funcionales diferentes, de estructuras bioquímicas en biología, que muestran que los componentes de estas estructuras biológicas pueden ser parte de diversos módulos de acción biológica, de diseños funcionales distintos. La comprensión de estas complejas unidades funcionales en las que pueden participar por separados los componentes de las estructuras biológicas, y las estructuras mismas, es facilitada por la conceptualización de la TDI que incorpora la teleología con metas funcionales que se integran coherentemente en un organismo.

Esta coherencia entre las estructuras funcionales biológicas y los esfuerzos realizados por la ciencia para desentrañarlos y comprenderlos, constituye un evidente y significativo avance para la ciencia biológica. Se trata de un avance tanto práctico como teórico, que desatasca las insuficiencias y distorsiones generadas por la obstinación –ideologizada--, de intentar explicar las sutilezas y complejidades de la actividad biológica con solo conceptos mecanicistas.

BIBLIOGRAFÍA.

Bibliographic and annotated list of peer-reviewed publication s supporting Intelligent Design. Updated: December 2015. En: Center for Science and Culture.
http://www.discovery.org/f/10141 (Accedido en Diciembre del 2016)

Dembski, William A. (1998). Intelligent Science and Design. En: First Things, 86 (1998).

Luskin, Casey (November 23, 2010). Does Intelligent design help science generate new knowledge?
http://www.evolutionnews.org/2010/11/does_intelligent_design_help_s040781.htm (Accedido en Diciembre del 2016)

Luskin, Casey (March 30, 2011). A Positive, Testable Case for Intelligent Design.
http://www.evolutionnews.org/2011/03/a_closer_look_at_one_scientist045311.html (Accedido en Noviembre del 2016)

Nelson, Paul (Jan. 13, 2016). Design Triangulation. En: You Tube.
https://www.youtube.com/watch?v=rNY_i1kJAnk&index=1&list=PL8ftIIJ7ANZhTWjlGMRClyXKDsI6VTk7R (Accedido en Noviembre del 2016)

Shapiro, James (2011). Evolution: a view from the 32st. century. FT Press Science.

Snoke, David (2014). System Biology as a Research Program for Intelligent Design. Bio-complexity. http://www.bio-complexity.org/ojs/index.php/main/article/viewArticle/BIO-C.2014.3 (Accedido en Diciembre del 2016)

Wells Jonathan (November, 2004). Using Intelligent Design to Guide Scientific Research. En: Progress in Complexity, Information a Design. http://www.discovery.org/scripts/viewDB/filesDB-download.php?command=download&id=1440 (Accedido en Diciembre del 2016)

www.ingramcontent.com/pod-product-compliance
Lightning Source LLC
Chambersburg PA
CBHW071426180526
45170CB00001B/233